跟着电网企业劳模学 系列培训教材

电力多媒体通信业务系统应用

国网浙江省电力有限公司　组编

U0158983

中国电力出版社
CHINA ELECTRIC POWER PRESS

内 容 提 要

本书是"跟着电网企业劳模学系列培训教材"之《电力多媒体通信业务系统应用》分册，采用"项目—任务"结构进行编写，以劳模跨区培训对象所需掌握的专业知识要点、技能要点、典型案例三个层次进行编排，涵盖电话交换网、电视电话会议、应急通信等电力多媒体通信业务的技术演进、系统设计、建设运维和应用展望等内容。

本书结合了日常运维工作中的典型故障案例，重点介绍电力多媒体通信业务系统的技术体制、网络架构、运维体系和新业务应用。

本书可供电力通信运维人员阅读参考，也可作为电力通信专业新员工学习电力多媒体通信业务系统运维的指导书。

图书在版编目（CIP）数据

电力多媒体通信业务系统应用／国网浙江省电力有限公司组编．— 北京：中国电力出版社，2022.8 （2023.3重印）

跟着电网企业劳模学系列培训教材

ISBN 978-7-5198-6842-0

Ⅰ．①电… Ⅱ．①国… Ⅲ．①电力通信系统－多媒体通信－技术培训－教材 Ⅳ．① TN915.853

中国版本图书馆 CIP 数据核字（2022）第 101450 号

出版发行：中国电力出版社
地　　址：北京市东城区北京站西街 19 号（邮政编码 100005）
网　　址：http://www.cepp.sgcc.com.cn
责任编辑：王蔓莉
责任校对：黄　蓓　马　宁
装帧设计：张俊霞　赵姗姗
责任印制：石　雷

印　　刷：三河市万龙印装有限公司
版　　次：2022 年 8 月第一版
印　　次：2023 年 3 月北京第二次印刷
开　　本：710 毫米 ×1000 毫米　16 开本
印　　张：10
字　　数：139 千字
定　　价：58.00 元

丛书序

国网浙江省电力有限公司在国家电网有限公司领导下，以努力超越、追求卓越的企业精神，在建设具有卓越竞争力的世界一流能源互联网企业的征途上砥砺前行。建设一支爱岗敬业、精益专注、创新奉献的员工队伍是实现企业发展目标、践行"人民电业为人民"企业宗旨的必然要求和有力支撑。

国网浙江公司为充分发挥公司系统各级劳模在培训方面的示范引领作用，基于劳模工作室和劳模创新团队，设立劳模培训工作站，对全公司的优秀青年骨干进行培训。通过严格管理和不断创新发展，劳模培训取得了丰硕成果，成为国网浙江公司培训的一块品牌。劳模工作室成为传播劳模文化、传承劳模精神，培养电力工匠的主阵地。

为了更好地发扬劳模精神，打造精益求精的工匠品质，国网浙江公司将多年劳模培训积累的经验、成果和绝活，进行提炼总结，编制了《跟着电网企业劳模学系列培训教材》。该丛书的出版，将对劳模培训起到规范和促进作用，以期加强员工操作技能培训和提升供电服务水平，树立企业良好的社会形象。丛书主要体现了以下特点：

一是专业涵盖全，内容精尖。丛书定位为劳模培训教材，涵盖规划、调度、运检、营销等专业，面向具有一定专业基础的业务骨干人员，内容力求精练、前沿，通过本教材的学习可以迅速提升员工技能水平。

二是图文并茂，创新展现方式。丛书图文并茂，以图说为主，结合典型案例，将专业知识穿插在案例分析过程中，深入浅出，生动易学。除传统图文外，创新采用二维码链接相关操作视频或动画，激发读者的阅读兴趣，以达到实际、实用、实效的目的。

三是展示劳模绝活，传承劳模精神。"一名劳模就是一本教科书"，丛书对劳模事迹、绝活进行了介绍，使其成为劳模精神传承、工匠精神传播的载体和平台，鼓励广大员工向劳模学习，人人争做劳模。

丛书既可作为劳模培训教材，也可作为新员工强化培训教材或电网企业员工自学教材。由于编者水平所限，不到之处在所难免，欢迎广大读者批评指正！

最后向付出辛勤劳动的编写人员表示衷心的感谢！

丛书编委会

前　言

  本书结合"十四五"期间国家电网公司多媒体通信技术演进和设备改造，依托杨鸿珍劳模工作室，以"项目—任务"为行文结构，以典型故障消缺案例的形式介绍了多媒体业务系统运行分析与维护的实践经验，所展示的标准化工程建设流程为规范管理日常运维工作提供了指南。项目一至项目三介绍了电力多媒体通信业务系统的概况，项目四至项目六讲解了电力多媒体通信业务系统的部署与验收，项目七至项目八梳理了业务系统的升级改造，项目九至项目十二详述了业务系统的日常管理运维工作，项目十三通过典型前瞻应用探索了电力多媒体通信业务的发展方向。

  本书旨在提高电力通信从业者故障排查、定位和解决的能力，提升多媒体通信业务系统的用户体验和应用价值，同时为电力多媒体通信业务系统的发展和新技术应用提供参考借鉴。限于编者水平，书中难免存在疏漏与不足，恳请广大读者批评指正。

编　者

2022 年 5 月

目　录

巾帼不让须眉，实干成就不凡

——记浙江省电力有限公司劳动模范杨鸿珍

杨鸿珍／

是国网浙江信通公司副总工程师兼技发部主任，高级工程师，曾获得浙江省电力公司劳动模范、省公司优秀专家人才、巾帼建功标兵、首席技师、全国用户满意服务明星等多项荣誉称号。在 20 余年的工作中，兢兢业业，推进电力通信管理创新创效，积极推动公司技术进步，保障公司生产、经营和管理等业务安全、稳定运行。2000 年，获得浙江省电力通信专业技术比武个人第 1 名，2008 年以领队兼主力队员的身份参加国家电网公司通信技术比武并获优秀组织奖。参与建设各级重点通信项目 70 多项，解决了多项浙江省电力公司面临的重大疑难问题。先后获得省公司及以上科技进步奖十余次，发表专业技术论文 10 余篇，编制国家电网公司、浙江省电力公司企业标准和规范共计 30 余个。

项目一

多媒体通信业务基本知识

≫【项目描述】

多媒体通信业务即通过多媒体通信网向用户提供综合了语音、文本、图像、音频、视频等多种媒体类型信息的通信服务。本项目主要介绍通信电话交换、电视电话会议和应急通信相关的技术发展，通过概念描述、原理分析和术语说明等方式了解电力多媒体通信业务的基本知识和相关技术的演进情况。

任务一　交换网技术发展

≫【任务描述】

本任务主要讲解电话交换网的技术原理及其使用的交换设备的演进历程。通过对不同阶段的电话交换技术在工作原理、应用优劣势等方面的分析，了解电话交换网技术的历史发展及最新多媒体交换技术的应用情况。

≫【技术要领】

电力通信电话交换网络（以下简称交换网）是电力通信服务电网的核心业务，是承载电网调度生产、企业经营和日常办公的业务载体，是电力语音大数据的主要传输平台。随着通信传输和信息网络技术的发展，面对日益增长的通信需求，交换网经历了从人工或机械交换到电路交换（也称时分交换或程控交换）再到分组交换（也称 IP 交换）的发展历程。

一、技术概念

从广义上讲，任何数据的转发都可以叫做交换。根据开放式系统互联模型（Open System Interconnection Model，OSI），可以将交换分为传统的第 2 层交换、具有路由功能的第 3 层交换、具有端口地址处理功能的第 4 层交换和具有数据流优化功能的第 7 层交换。随着千兆、万兆以太网技术的普及应用，交换技术正朝着智能化的方向演进。智能化交换技术的根本目的是满足人们日益增长的通信需求，并在成本可控的前提下，尽可能地保证网络高可靠、高性能、易维护、易扩展，最终实现多样化的定制服务和智能维护。

本书所指的交换网主要由多媒体业务交换设备、承载网设备和用户终端设备等构成。交换网技术体制是研究如何把这三类设备组织成一个最经济、最有效的交换系统。这涉及交换局选址、容量优化、衰耗分配、呼损分配、路由规划、编号制度、信令（又称信号）方式、近期和远期的业务预测与相应的发展规划，以及模拟网如何过渡到数字网等，其中涉及的话务设定和信令方式等指标直接关系到交换机的服务能力和质量。

二、演进历程

1876 年，贝尔发明了有线电话，第一次将人类的声音转换为电信号，并通过电话线实现了点对点远距离通信。为解决点对点远程通信不经济的问题，诞生了多点语音交换技术。随着需求发展和技术进步，交换技术飞速演进，经历了人工电话交换、步进制电话交换、纵横制电话交换、电路交换（也称时分交换或程控交换）、综合业务数字网（Integrated Services Digital Network，ISDN）、软交换、IP 多媒体子系统（IP Multimedia Subsystem，IMS）等发展历程。

（一）人工电话交换阶段

1878 年，世界上出现了最早的电话交换机——人工交换机。它由用户线、用户塞孔、绳路（塞绳和插塞）和信号灯等设备组成，示例图见图 1-1(a)。用户打电话时，先与话务员通话，由话务员负责转接。

（二）步进制电话交换阶段

1891 年，出现了以机械动作代替话务员人工动作的步进制电话交换机。步进制电话交换机的预选器、选组器和终接器等部件组成了选择器，当用户拨号时，选择器根据拨号发出的脉冲电流，一步一步地改变接续位置，从而将主叫和被叫用户间的电话线路自动接通，示例图见图 1-1(b)。

(三)纵横制电话交换阶段

1919 年，纵横制交换机问世。新型的纵横接线器克服了步进制电话交换机的滑动式接点易损坏、动作慢、体积大等缺陷，减少了接点磨损，提高了设备的使用寿命，示例图见图 1-1(c)。

(四)电路交换阶段

随着微电子技术和数字电路技术发展成熟，第一台商用程控交换机于 1965 年问世。程控交换系统主要由控制子系统和话路子系统组成。控制子系统采用存储程序控制方式，由各种计算机系统组成，是交换系统的指挥中心，使用信令和其他交换系统进行信息传递。话路子系统主要由数字交换网络、数字中继或模拟中继、信令链路、用户模块、远端用户模块和相关信息设备等构成，见图 1-1(d)。

(五)综合业务数字网阶段

20 世纪 90 年代后，程控数字交换与数字传输相结合，构成了综合业务数字网。它通过普通的铜缆，以更高的速率和质量传输语音与数据，不仅能实现电话交换，还能实现传真、数据、图像通信等数据的交换，网络架构见图 1-1(e)。

(六)软交换阶段

21 世纪后，基于 IP 网络的软交换技术兴起，其核心思想是将会话控制和媒体承载分离，以提供综合业务的呼叫控制、连接和部分补充业务功能，是目前电路交换网向分组网演进的主要设备之一，网络架构见图 1-1(f)。

(七)IMS 阶段

IMS 由第三代合作伙伴计划组织（3rd Generation Partnership Project，3GPP）组织提出，是一种全新的多媒体业务形式，是在软交换基础上将会话控制和媒体网关控制进一步分离，通过 IP 扁平化组网的方式，采用标准会话初始协议（Session Initiation Protocol，SIP）提供语音、视频、图片和文字等多媒体通信业务，网络架构见图 1-1(g)。

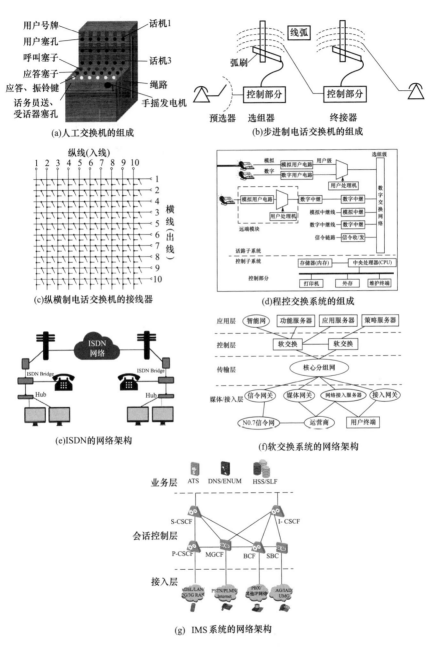

(a)人工交换机的组成

(b)步进制电话交换机的组成

(c)纵横制电话交换机的接线器

(d)程控交换系统的组成

(e)ISDN的网络架构

(f)软交换系统的网络架构

(g) IMS系统的网络架构

图 1-1 交换技术设备历史演进图

任务二 视频会议技术发展

【任务描述】

本任务主要讲解视频会议的技术概念和模式类型的演进历程等内容。通过对不同阶段的视频会议系统的构成进行分析，使读者了解视频会议技术的演进过程及最新发展情况。

【技术要领】

一、技术概念

视频会议是指两个或两个以上不同地点的个人或群体，通过各种通信手段，将人物的图像、语音、文字等多种信息实时分送到各个参会用户的终端（连接电视、计算机、手机等），使得在地理位置上分散的用户能够聚集在一起讨论、交流和决策。

视频会议系统一般由视频会议终端、视频会议服务器、管理系统和传输网络组成。

视频会议终端是放置于每个会议地点的设备终端，其主要功能是将本地的视频、音频、数据和控制信息等进行编码打包发送，并将接收到的数据包解码还原。

多点控制单元（Multi Control Unit，MCU）可为两点或多点会议的各终端提供数据交换、视频音频处理、会议控制和管理等服务。三个及以上会议终端就必须使用一个或多个 MCU。MCU 的规模决定了视频会议的规模。

网络管理系统是会议管理员与 MCU 之间交互的管理平台，会议管理员可以在网络管理系统内对 MCU 进行参数配置、召开会议、控制会议等操作。

传输网络承载会议数据在各终端与服务器之间传送。

二、演进历程

自 1964 年世界上最早的可视电话诞生以来，视频会议技术及标准就一直在不断发展，主要经历了模拟视频会议、数字视频会议、基于 IP 的视频会议以及最新的云视频会议等阶段。

（一）模拟视频会议阶段

模拟视频会议出现于 20 世纪 60 年代，通过模拟信号传输，只支持黑白图像及单点对单点交流，即便如此仍需占用极高的频带。1970 年美国电话电报公司推出了针对个人的可视电话业务，如图 1-2 所示，但费用十分高昂，因此并没有得到很好的发展与应用。直到 70 世纪中期，数字图像和语音编码技术取得巨大进步，数字系统逐步取代模拟系统，视频会议才有了新的发展。

图 1-2　早期的模拟视频会议

（二）数字视频会议阶段

数字视频会议最早出现于 20 世纪 80 年代，如图 1-3 所示，随着数字图像压缩技术的研究与应用，频带占用更小的数字视频会议逐渐兴起。数字视频会议支持彩色图像且画面质量更佳，逐步取代了模拟视频会议。

此时的视频会议系统基本采用专用编解码器，这要求互通的会议终

图 1-3　早期的数字视频会议

端使用的编解码器必须来自同一厂商，极大地阻碍了视频会议的可扩展性和地区间互联的有效性。对此，国际电报电话咨询委员会开始着手建立国际视频会议的统一标准，并于 1990 年推出了世界上第一套视频会议国际标准协议 H. 320 协议，其基本结构见图 1-4。H. 320 协议奠定了视频会议统一化、国际化发展的基础。

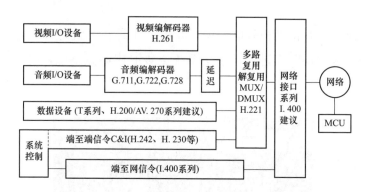

图 1-4　ITU-T H. 320 标准集基本结构

（三）基于 IP 的网络视频会议

20 世纪 90 年代以来，基于 TCP/IP 协议的 Internet 网络规模、用户数量呈指数型增长，对电信产业产生了巨大影响。基于分组交换的多媒体通信系统成为电信、网络及计算机相关专业研究人员和厂商关注的焦点。

1996 年 11 月，H. 323 协议的发布标志着视频会议从数字时代迈入 IP 时代。H. 323 协议是基于电信网信令和协议制定的 IP 多媒体标准，是在分组交换网络上实现多媒体通信的一个框架性协议，具有将多种应用及业务集成到一个传输网络平台的功能，自发布后便成为视频会议采用的主要协议之一。

（四）云视频会议

随着云计算、移动互联网的飞速发展，视频会议应用进入了云计算时代。凭借无线扩展、灵活部署及低成本等明显优势，云视频会议系统成为当前市场主流的视频沟通方式。

用户通过互联网即可与全球各地的其他用户同步分享视频、音频、文件。会议中的数据传输、处理等均由云会议服务商完成。目前国内的云会议服务主要采用软件即服务（Software As A Service，SAAS）模式，服务商为云会议提供多台高性能服务器，以动态集群部署，大大提升了会议的稳定性、安全性、可用性、易用性。

任务三　应急通信技术发展

≫【任务描述】

本任务通过描述应急通信需求和具有的通信手段，使读者掌握国内外应急通信技术的发展情况及应用方式，并简要介绍了国内外应急通信技术现状。

≫【技术要领】

一、技术概念

在突如其来的大型自然灾害和公共突发事件面前，常规的通信手段往往无法满足通信需求。应急通信正是为应对自然或人为紧急情况而提出的特殊通信机制。在通信网设施遭受破坏或执行特殊通信保障任务时，采用非常规的、多种通信方式组合的应急通信技术手段来恢复跨地区或本地的通信能力，以使应急人员尽可能利用残存和临时部署的通信资源建立通信连接，从而达到及时报告灾情、实施紧急救援、降低灾害损失和保障灾后重建的目的。应急通信为各类紧急情况提供及时有效的通信保障，是综合应急保障体系的重要组成部分。应急通信具有时间和地点不确定性、通信需求不可预测性、业务紧急性、网络构建快速性、过程短暂性等特点。

应急通信包括应急通信技术手段和应急组织管理的方式方法，是技术和组织管理的统一。

应急通信系统主要承担 3 个方面的任务：①平时为公用通信网提供补充服务；②为应对突发事件提供通信保障，这也是应急通信主要承担的任务职责；③战时为作战提供支持。

按照应急任务的性质不同，可以分为应急服务和应急保障。应急服务主要是指为预定的重大社会、经济和外交等活动提供业务支撑；而应急保障主要是为应对重大通信事故、突发公共事件和自然灾害而提供通信保障。

二、电力应急通信技术发展

电力应急通信属于电力基础设施区域空间应急通信范畴。区域空间是以浮空平台为载体，构成的一个区域空间通信网，用于恢复地面被破坏的信息通信，解决基于视频、语音的跨区域指挥调度问题。目前电力应急通信主要采用地面有线通信和卫星通信相结合的方式，主要的业务包括语音电话、集群对讲、视音频会商、现场视频图像回传和办公生产数据传输等，业务数据类型涵盖语音、视频图像和数据文件等。

应急救灾区域主要面临无电、无公网、无道路等问题，台风灾害还存在受灾区域频繁转移等特点。电力应急通信保障对实时性要求高，需进行快速的现场部署，正向省地县信息化纵贯联通的方向发展。同时，应急指挥模式也发生了两个重大转变，即从层级指挥转变为扁平化指挥，从语言指挥转变为视频指挥。在业务需求上，应急通信网络需要承载固定电话、数字语音、视频会议、监控图像和生产监测等业务，且应在尽可能保证通信网络安全性的前提下，提高网络覆盖范围，保障跨区域远程沟通，同时在无电无网的场景下能支持现场抢修人员的联络和数据回传。

我国应急通信行业起步较晚，迅速扩增的应急通信需求与应急通信技术的不平衡、不充分发展相矛盾，推动应急通信行业进入了新的发展阶段。国内外应急通信网络体系的对比如表 1-1 所示。

表 1-1　　　　　　　　　　　国内外应急通信技术对比

国内			国外	
无限集群	采用系统	350MHz 集群通信系统	无限集群遵循标准	MPT 1327/1343 集群标准
	遵循标准	GA 176—1998《公安移动通信网警用自动级规范》		
	应用业务	110 巡逻、治安、警卫、消防、交通指挥、边防等各种公安业务		
无线宽带网	宽带数字集群专网利用频段	1447～1467MHz	美国应急保障体系	政府应急电信服务
	应用部门	应急、交通、城管部门等		无线优先业务
卫星通信网	消防部门	卫星通信带宽 / 31MHz		全球微波互联接入
		应用情况 / 消防指挥调度网		网络电话技术
	水利部门	卫星通信带宽 / 81MHz	英国应急通信网	卫星通信技术
		应用情况 / 水雨情数据报汛、防汛抗旱异地会商、应急抢险机动通信、云图和遥感数据广播等		运营商建设维护网络
	公安部门	卫星通信带宽 / 81MHz	日本防灾通信	中央防灾无线网（包括固定通信线路、卫星通信线路和移动通信线路）
		应用情况 / 语音通信、低速率数据传输业务		防灾互联通信网

项目二

电力多媒体通信技术典型应用

>> 【项目描述】

本项目描述国家电网公司系统内多媒体通信技术的应用情况，主要包括电话通信交换网在行政、调度两大通信专网领域的技术论证，不同应急通信技术在电力应急场景中发挥的不同作用以及视频会议典型应用需求。通过技术论证、场景分析和术语说明等方式，使读者了解电力多媒体通信技术典型应用场景。

任务一 电力交换网技术体制演进

>> 【任务描述】

本任务主要对各种现代交换技术的优缺点进行分析，并根据电力行业的应用场景进行技术选型，为架构设计提供理论依据。通过技术比对、优劣分析和应用需求分析等方式，使读者了解电力交换技术选型的来龙去脉。

>> 【技术要领】

国家电网公司语音通信系统包括行政交换网、调度交换网及 95598 客服中心语音网、信通客服呼叫中心和其他内部电话网系统。

一、交换网演进的必要性

程控电路交换技术曾作为国家电网公司行政、调度交换网的主要组网模式，其高成熟度、高可靠性、高安全性等优势都已在现网中得到了验证。随着国家电网公司智能电网体系的建设，电力调度控制技术 IP 化趋势明显，电力调度向着智能调度的方向不断发展，行政交换网与调度交换网的协同发展也亟待统筹推进。

随着时代发展，程控电路交换技术暴露出的问题主要有：设备停产、业务支撑能力不足、技术面临淘汰、网络架构复杂等。软交换和 IMS 是继电路交换技术之后先后出现的两种下一代网络（Next Generation Network，NGN）交换技术，目前不仅在公网运营商已有大规模应用，在各行业专网中也有不同程度的应用。对比当前两种主流的交换技术体制的优缺点，可以选择出适配于电力专网的下一代交换技术体制。

二、技术优劣比较

软交换和 IMS 的技术特点对比如表 2-1 所示。

表 2-1　　　　　　　　　　　技术特点对比表

序号	对比项	软交换	IMS
1	网络架构	控制、承载分离；核心网为 IP 架构，网络结构相对简单	控制、承载、业务分离；端到端 IP 架构，网络结构相对复杂
2	网络演进	新建网络，与原有网络互通，业务完全转移后，旧网络完成自然退网	
3	设备网元	核心网元数量较少，相对更节省空间，适合小容量、点多面广的用户群	核心网元数量相对较多，适合于大容量、密集的用户群
4	接口协议	协议更多关注窄带语音业务，支持通过 Q 信令互通	SIP 协议更多关注多媒体业务
5	业务能力	可以基于 IP 技术，并有 IP 调度台设备与之配合实现各种语音调度功能，有录音等功能的成熟方案	除了软交换支持的业务之外，IMS 还可支持多媒体业务的实时通信
6	产业链现状	产品较成熟，且有调度台设备配套	IMS 为目前公网运营商主要的业务承载技术，可靠性已经验证
7	安全与服务质量（Quality of Service，QoS）	QoS 保障主要针对话音类窄带业务，安全机制主要通过 IP 承载网实现	QoS 保障主要针对多媒体业务，安全机制主要通过 IP 承载网实现
8	网元与维护	网元数量相对少，设备集成度较低，以私有协议为主	设备数量多，采用先进电信计算平台架构，集成度更高，以标准协议为主

根据表 2-1 所述，软交换技术商用规模广、网元设备简单、运行维护难度低、部署灵活，通过控制与承载分离，定位于传统窄带业务的 IP 分组化；IMS 技术网络架构更先进、业务开发环境更开放、标准协议更统一，屏蔽了接入层的差异，通过业务与会话控制的进一步分离，定位于多媒体业务发展以及固定、移动业务平台的融合。

三、技术选型

调度交换网承载的业务多为窄带宽语音业务，用户主要是调度员和值班员，网络具有用户固定、容量小、覆盖面广的特点。在业务种类方面，除语音通话还需兼有紧急呼叫、强插强拆等调度台与调度交换机配合实现的专业调度指挥功能。在业务流向方面，一般为垂直通信方式，主要通话对象为上下级调度机构和被调厂站，话务流向固定，大量话务为跨端局通信，局内通话很少。在安全要求方面，调度交换作为公司电力调度运行的主要通信方式，对网络的安全性要求很高，仅与本级行政网有疏通电路。为满足调度通信备用通道的需求，目前省级以上调度交换网均已实现双机同组架构，并逐步完成主备调异地多机同组的部署。

行政交换网未来主要以多媒体业务为主，更多是面向行政办公场景，相比调度交换网，用户较多且变动较为频繁、网络规模和容量较大，在业务种类方面，以语音通话、电话会议、传真、录音为主；在业务流向方面，省外话务主要集中在分部至总部的话务量，省内话务也以本地市话务量为主，地市之间话务较少。在安全要求方面，对网络的接通率、安全性要求比调度交换网低，各省行政交换中心还是以单点多路由连接为主，各交换节点与当地公网均开设直达电路，并以公网通信作为备用手段。

从业务类型、安全要求和部署现状多因素考虑，国家电网公司行政交换网技术演进以 IMS 技术为最终发展方向，调度交换网则在保证基本网架结构的基础上，以电路交换为主，以软交换技术为最终演进方向。

任务二　电视电话会议系统介绍

》【任务描述】

本任务主要介绍了现有电视电话会议系统技术及各种电视电话会议类型的特点，并根据会议场景进行分类选型。

≫【技术要领】

一、技术介绍

电视电话会议系统技术自发展以来主要可分为三类：基于电路交换网络的 H. 320 协议、基于分组交换的 H. 323 协议以及 Internet 工程任务组指定的 SIP 协议。随着各项技术的发展，绝大部分用户都开始使用基于 H. 323 协议的产品构造的专属电视电话会议系统。

H. 323 协议构建了一个非常完善的多媒体通信系统的框架结构，其基本组织单位是域，即由网守（gatekeeper）管理的网关（gateway）、多点控制单元（Multipoint Control Unit，MCU）、多点控制器（Multipoint Controller，MC）、多点处理器（Multipoint Processor，MP）和所有终端组成的集合，典型的 H. 323 系统示意图见图 2-1。H. 323 采用总线型网络结构，多点控制单元并非必须部分，不会因为某一终端出现临时故障而影响整个会议。

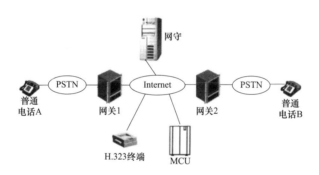

图 2-1　H. 323 协议系统示意图

在 H. 323 系统中，终端是分组网络中能提供实时、双向通信的节点设备，可以和网关、多点控制单元进行通信。所有终端必须支持语音通信，视频和数据通信为可选方式。网关和网守是可选部件。网守是局域网 H. 323 中的一个特有实体，向 H. 323 终端提供呼叫控制服务，可以是一个独立的设备，也可附置在某个终端设备中。在逻辑上，网守和 H. 323 节点设备是分离的，但生产商可以将网守的功能融入 H. 323 终端、网关和多点控制单元等设备中。

目前，包括中国在内的许多国家都采用了 H.323 作为 IP 电话网关之间的协议。整个 IP 电话系统只是把 IP 网络作为传输媒介，国际上几乎所有的商业性 IP 电话网或电视电话会议网都以 H.323 为基础。不同版本的 H.323 协议通过不断升级和扩展，已经日趋完善，为基于 H.323 的 IP 多媒体业务提供了很好的保障。

二、电视电话会议场景介绍

本任务介绍的会议系统均采用 H.323 技术，主要包括国网行政会议系统、国网应急会议系统、国网资源池会议系统、国网软视频会议系统、省内行政会议系统、省内应急会议系统及外网视频会议系统。这七类电视电话会议系统既可满足一类、二类等重大会议的召开，也可满足应急抢险、重特大活动的特殊需求，同时兼顾灵活性，以满足各部门、各专业中小型会议的召开。各电视电话会议类型的覆盖对象、会议特点及会议场景见表 2-2。

表 2-2　　　　　　　　各电视电话会议类型统计表

会议类型	覆盖对象	会议特点	会议场景
国网行政会议系统	国网总部、分部以及各省公司	对会场硬件要求较高	国网行政一、二、三类会议
国网应急会议系统	国网总部、分部以及各省公司	对会场硬件要求较高	国网应急一、二、三类会议
国网资源池会议系统	国网总部、分部、省公司、市公司以及县公司	设备灵活可移动	国网资源池会议、中小型会议
国网软视频会议系统	省公司、市公司以及县公司	有内网电脑即可实现组会	小型会议
省内行政会议系统	省公司、市公司以及县公司	对会场硬件要求较高	省行政一、二、三类会议
省内应急会议系统	省公司、市公司以及县公司	对会场硬件要求较高	省应急一、二、三类会议
外网视频会议系统	国网总部、分部、省公司、市公司以及县公司	有外网电脑即可实现组会	小型会议

三、会议场景技术选型

会议根据参会领导及会议重要程度分为一、二、三类会议。一、二类会议对会议效果的要求较高，需配备多角度摄像机位、多方位电视机、发言席等硬件设施，一般选择在公共会议室召开。由国家电网公司组织召开的会议，例如国网一、二类重大会议，应选择可靠性高的国网行政会议系统或国网应急会议系统；由省公司组织召开的会议，例如省一、二类重大会议，应选择省内行政会议系统或省内应急会议系统；如有应急值班要求，则应选择国网应急会议系统或省内应急会议系统。

三级会议一般由部门组织召开，对会议音视频效果的要求不高，因此可根据具体部门对会议的需求选择国网软视频会议系统、国网资源池会议系统、外网会议系统。当然国网行政、应急会议系统以及省内行政、应急系统也可兼容召开三级会议。

任务三　应急通信技术典型应用场景

➢【任务描述】

本任务主要对应急通信技术的应用场景进行讨论分析。通过对小范围抢修、大范围抢修以及卫星远程指挥调度的流程进行梳理，使读者掌握不同抢修场景之下的信号重新建立方式、可实现的通信方式及相应的通信指挥部选址建议。

➢【技术要领】

一、小范围作业抢修场景

当现场作业面较小时，在灾害现场可使用对讲机直通方式通信，可用通信距离为 1～2km。指挥员可利用大功率对讲系统与指挥中心建立联系保持通信。

若对讲机直通距离不足，可以在作业现场部署应急便携站，通过架设30～50m 高度的便携基站，可以将对讲通信范围扩大至半径为 3～5km 的区域，对讲机信号通过便携基站的通信链路与指挥中心互通，场景如图 2-2。

前线指挥部应急通信保障系统搭建的主要安全注意点是必须防范触电，应急通信装备应轻拿轻放，防范渗水，并严格做好接地。由于比较靠近受灾现场，指挥部要视情况尽量选在最为安全稳固开阔的地块，保证通信设备能够处于稳定可运行状态，以维持现场与指挥中心的通信顺畅。

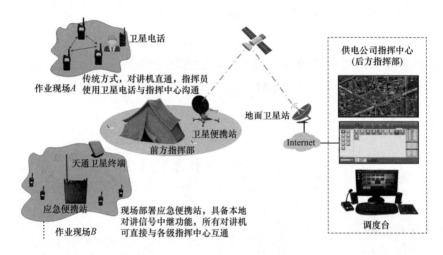

图 2-2　小范围作业抢修场景

二、大范围作业抢修场景

当现场作业面积较大时，可以用氢气球将同频自组网基站升高 100～200m，如此可将无线对讲机信号覆盖范围扩大至半径为 8～10km 的区域。如果覆盖范围还不够，可在外围区域高度约 50m 的高楼或铁塔上放置第二台同频自组网基站，将覆盖范围半径进一步扩大 3～5km。作业现场即可通过 Mesh 基站多级跳方式与前端卫星基站连接，实现视频从现场到前线指挥部再到后方指挥部的传输，场景见图 2-3。

由于需要使用氢气球升高同频自组网基站，前方指挥部需要足够的空间高度以及便于部署卫星便携站等设备的相对安全坚实的地面条件。

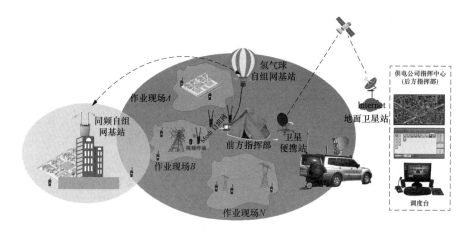

图 2-3 大范围抢修场景

三、卫星远程指挥调度场景

前线指挥部的卫星车配备一台车载台和一台对讲机互联网关,车载台可以接收来自前方现场的对讲中继台或者同频自组网的信号。对讲机互联网关配合车载台使用,可以将前线任务现场回传的语音信号和对讲机定位信号进行数据化处理,然后接入便携调度台或者经过 Ku 波段(K-under band)卫星便携站回传至后方指挥中心。

卫星便携站可以通过建立卫星链路联网,为手机终端提供 4G 信号,实现与后方指挥中心的语音电话信号畅通。

纯语音通信可以使用通过卫星链路联网的天通数据终端,终端可单兵部署,具有模拟模式与数字模式。其中数字模式提供两个时隙通话,1 时隙可以通过手机链路与卫星链路实现联网与指挥中心互通,2 时隙可以实现本地对讲信号中继互通。

抢修人员在负责人的指挥下开展救援一线应急通信保障系统的搭建。按照顺序分为三步开展:①启用卫星电话先行汇报现场情况,及时接收指令;②搭建卫星站,打通至应急指挥部的视频会议通道,搭建单兵通信系统回传视频画面;③搭建救援现场无线对讲系统。

卫星远程指挥场景见图 2-4。

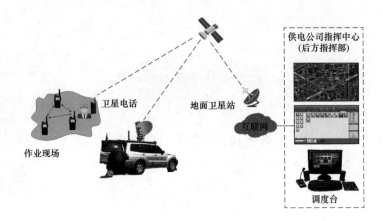

图 2-4　卫星远程指挥场景

项目三

电力多媒体通信业务系统组网架构

≫【项目描述】

本项目介绍了多媒体通信业务系统的组网设计，主要包括电力行政、调度通信交换网、电视电话会议和应急通信的典型组网架构。通过系统架构图展示、功能模块说明等方式，使读者了解电力多媒体通信业务系统设计的基本知识。

任务一　电力交换网组网架构

≫【任务描述】

本任务主要介绍电力交换网组网技术架构，并附以相应的网络分层结构说明，为系统建设提供典型组网配置的依据。

≫【技术要领】

一、电力调度交换网技术架构

电力调度交换网交换机的典型连接方式见 Q/GDW 754—2012《电力调度交换网组网技术规范》。调度交换机组网主要采用 2M 数字中继，由国家电网公司总部（简称总部）汇接交换中心（C1）、国家电网公司分部（简称分部）汇接交换中心（C2）及总部下一级汇接交换站（C2）、省公司汇接交换中心（C3）及分部下一级汇接交换站（C3）、地（市）供电公司汇接交换中心（C4）及省公司下一级汇接交换站（C4）、终端交换站（T）五类不同等级的汇接交换中心（站）及终端交换站连接而成。

单台调度交换机的出线拓扑如图 3-1 所示，实线表示通过电缆或 2M 中继传模拟信号，虚线表示通过网线等通信介质传递数字信号。

调度组网采用双机异地备份、异机同组的方式，实现系统热备份，网内任何调度台或交换机的单机故障均不会导致调度电话业务中断。

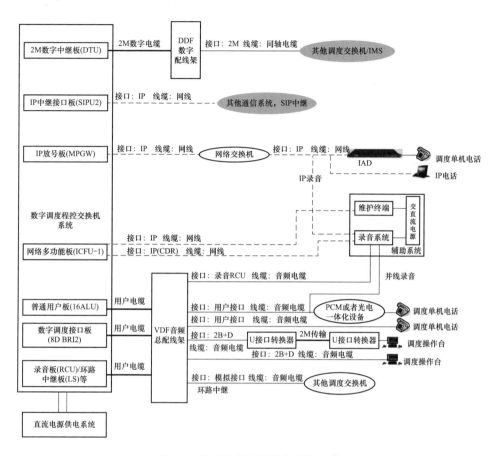

图 3-1　调度交换系统设备连接拓扑

二、电力行政交换网技术架构

根据国家电网公司总体设计，公司电力行政交换网以 IMS 技术为最终研究方向，并通过媒体网关设备与原电路交换、软交换等话务平台互联 E1或 SIP 中继，其技术架构如图 3-2 所示。在交换系统网络的演进过程中，会形成以 IMS 核心网为汇接交换中心，电路交换与软交换系统并存运行的情况。

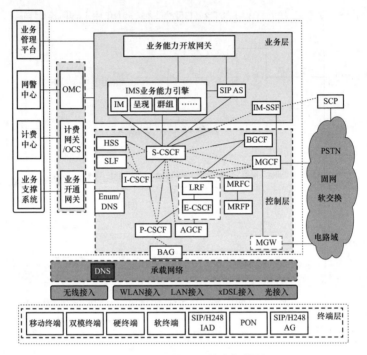

图 3-2　IMS 核心网技术架构图

（一）IMS 核心网功能模块

从逻辑结构上看，IMS 核心网主要分为业务应用层、核心控制层、数据承载层和终端接入层，各层功能简介如表 3-1 所示。各层内部的关键网元的功能描述如表 3-2 所示。IMS 网元功能实体和接口协议可扫描下方二维码查看。

表 3-1　　　　　　　　　　IMS 架构分层结构说明

所属层	功能描述
业务应用层	由各种不同的应用服务器与资源服务器组成，提供各种业务（如会议、即时消息等）及业务能力（群组、媒体资源等）
核心控制层	① IMS 网络与运营商网络、电路交换网络和局域小交换网络的互通由媒体网关控制功能（Media Gateway Control Function，MGCF）、出口网关控制功能（Breakout Gateway Control Function，BGCF）完成，信令的转换由信令网关（Signaling Gateway，SG）完成，媒体的转换由 IP 多媒体网关（IP Multimedia Media Gateway，IM-MGW）完成（IM-MGW 也可以内置 SG 功能）。

所属层	功能描述
核心控制层	② 完成注册、鉴权、会话路径控制、业务触发、拓扑隐藏、路由选择、资源控制、互通等功能。 ③ 提供网管、签约数据存放、计费、Web Portal 统一操作、寻址等功能，由计费采集功能（Charging Collection Function，CCF）、业务发放网关（Service Provisionning Gateway，SPG）服务器等功能实体组成
数据承载层	承载于数据通信网、信息内网等
终端接入层	部署 IP 话机、接入网关（Access Gateway，AG）/综合接入网关（Integrated Access Device，IAD）等 IMS 接入网终端设备，在 IMS 接入网终端设备上配置 IMS 开户的账号、密码、代理服务器地址等信息

表 3-2   **分层架构网元功能说明**

所属层	网元名称	功能描述
业务应用层	MMTelAS	多媒体电话应用服务器（Multimedia Telephone Application Server，MMTELAS）为固定移动融合网络用户提供语音及多媒体通话服务。支持相关的基本业务及补充业务，集成固定移动融合业务于同一平台，为固网和移动网用户提供统一的业务体验
	CCF	对呼叫会话控制功能（Call Session Control Function，CSCF）、高级电话服务器（Advance Telephony Server，ATS）、MGCF 等 IMS 计费网元发送的 ACR 消息进行预处理按特定格式生成计费数据记录（Charging Data Record，CDR），并传递到运营商指定的计费中心
	SPG	提供统一的业务发放接口和 Web Portal。把上层业务支撑系统（Business Support System，BSS）的业务发放命令分解到用户数据存储网元（归属用户服务器（Home Subscriber Server，HSS）、E.164 号码映射（E.164 Number Mapping，ENUM）与 ATS
	EMS	网元管理系统（Element Management System，EMS）作为网元统一业务管理平台，与上层网络管理系统（NetWare Management System，NMS）、基本服务集（Basic Service Set，BSS）系统对接，完成对下层网元的管理
核心控制层	P-CSCF	代理呼叫会话控制功能（Proxy-Call Session Control Funtion，P-CSCF）是 SIP 用户接入 IMS 网络的入口节点，主要负责 IMS 用户与归属网络之间 SIP 信令的转发
	S-CSCF	服务呼叫会话控制功能（Serving-Call Session Control Funtion，S-CSCF）是 IMS 网络的中心节点，位于归属网络，负责用户的注册、鉴权、会话，路由和业务触发
	I-CSCF	问询呼叫会话控制功能（Interrogating-Call Session Control Funtion，I-CSCF）是归属网络的统一入口点，负责分配或者查询为用户服务的 S-CSCF
	HSS	统一存放 IMS 用户相关的数据，供 CS、IMS 和 EPC 域获取用户数据
	DNS/ENUM	提供 A、AAAA、SRV、NAPTR、NS 等类型记录的查询服务
	MRFP	多媒体资源处理器（Multimedia Resource Function Processor，MRFP）提供放音收号资源、语音会议资源

所属层	网元名称	功能描述
核心控制层	AGCF	接入网关控制功能（Access Gateway Control Function，AGCF）用于控制使用 H.248、媒体网关控制协议（Media Gateway Control Protocol，MGCP）、V、BRAPBX、基群速率接入（Primary Rate Access，PRA）、基本费率接入（Basic Rate Access，BRA）、V5BRA、CDMA WLL、ISUP、TUP 等协议的用户接入至 IMS 网络
	MGCF	实现 IMS 网络和其他非 IP 网络［如公共交换电话网络（Public Switched Telephone Network，PSTN）、公共陆地移动网（Public Land Mobile Network，PLMN）、CDMA2000 Phase2 等］控制面的互通，并控制用户平面的 IM-MGW 完成媒体转换
	IM-MGW	实现 IMS 网络和其他非 IP 网络媒体面的互通，并完成必要的音频/视频 Codec 转换及 VIG（Video Interworking Gateway）处理
	SBC	会话边界控制器（Session Border Controller，SBC）类似于防火墙，提供音频编解码转换、信令或媒体代理、信令或媒体加密传输等功能
终端接入层	网关设备 AG/IAD	提供模拟用户线接口，可以直接将普通电话用户接入到 IMS 网中，为用户提供完善的 IP 语音接入业务和多媒体业务
	UMG	通用媒体网关（Universal Media Gateway，UMG）提供业务承载转换、互通和业务流格式处理功能

（二）IMS 承载网网络架构

IMS 通信业务承载在公司数据通信网上。根据数据通信网典型配置，广域网采用核心层、边缘层两层架构；地区数据通信网采用网络分层结构，由核心层、汇聚层、接入层三层实现全路由组网，核心层和汇聚层设备采用双通道双路由连接，接入层设备根据光缆敷设情况接入汇聚层。网络拓扑结合光纤资源和同步数字体系（Synchronous Digital Hierarchy，SDH）传输网建设情况，充分利用 SDH 环网资源以加强数据通信网络通道的可靠性，省地间的数据承载网架构如图 3-3 所示。

数据承载方面，IMS 系统部署在 IMS VPN 内，IMS VPN 与信息 VPN 通过 SBC 互通。AG、IAD、SIP 终端直接接入 IMS VPN 内，或先接入信息 VPN 再通过 SBC 设备接入 IMS 系统。在省内网管网具备承载条件前，由 IMS VPN 统一承载 IMS 计费、网管信息。接入节点依照通信数据网的层级架构就近接入数据网 PE 路由器设备，实现接入设备双节点注册，确保业务可靠性。

（三）IMS 接入层网络架构

IMS 接入层按地域划分并分散部署，主要设备包括 IP 终端（含软终端）、接入网关、综合接入设备及专用小交换机（Private Branch Exchange，PBX）等。

《IMS 行政交换网运行维护管理规范》（国家电网公司信通通信〔2018〕22 号文）为后续地市、县供电公司大楼、变电站和营业厅等应用场景的 IMS 终端接入和属地化运维提供了规范与准则。IMS 接入层网络架构如图 3-4 所示。

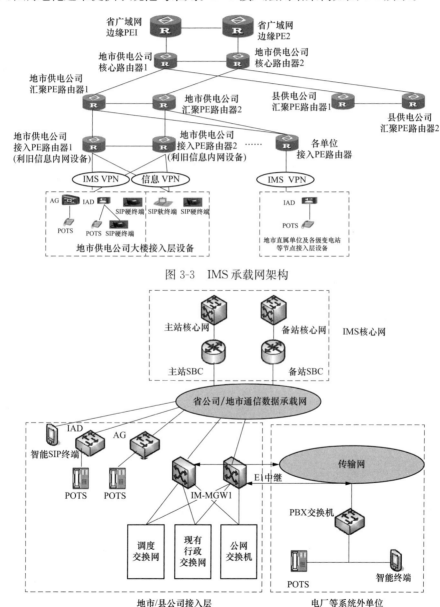

图 3-3　IMS 承载网架构

图 3-4　IMS 接入层网络架构

任务二　电视电话会议组网架构

【任务描述】

本任务主要介绍国网行政会议系统、国网资源池会议系统、应急会议系统和省内会议系统的组网架构和组会方式。

【技术要领】

目前，省公司使用的电视电话会议系统类型见项目二中的任务三。

一、国网行政会议系统架构

行政会议系统分骨干网和省内网两个层级。骨干网应采用专线和数据网两种组网方式，覆盖国网总部、各分部和省公司。专线方式采用两级组网，即在总部设 ResourceManager 多点资源管理中心（Resource Manager Conference Controller，RMCC）管理系统和主 MCU，在各分部设 RMCC 管理系统和 MCU。国网行政会议专线组网方式见图 3-5。

数据网应采用一级 MCU 组网，在国网总部设 RMCC 管理系统和 MCU，见图 3-6。

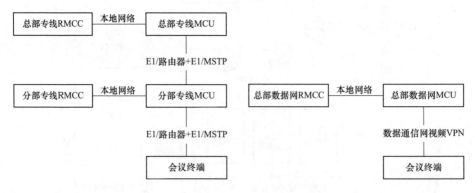

图 3-5　行政会议专线组网方式示意图　　图 3-6　行政会议数据网组网方式示意图

省内网结构参照骨干网，应根据需求采用一级或两级 MCU 组网，通过专线和数据通信网两种方式与骨干网互联互通，如图 3-7 所示。

专线和数据通信网平台采用不同的组会方式，具体如下：

（1）专线方式：国网总部会议终端接入总部 MCU，分部和该分部区域内省公司的会议终端接入该分部 MCU。

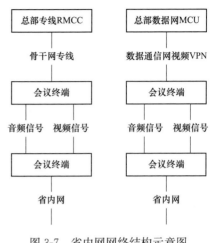

图 3-7　省内网网络结构示意图

（2）数据通信网方式：总部、各分部和省公司会议终端接入网络 MCU。

二、国网资源池会议系统架构

资源池会议系统覆盖国网总部、分部、省公司、国网直属单位、地市公司、省公司直属单位、总部直属单位二级机构、县公司。系统基于数据通信网视频 VPN 组网，由一级部署的视讯业务管理系统（Service Management Center，SMC）以及分布在总部和省公司的 28 套 MCU 组成。总部和各省公司的 MCU 分为 6 个区域，如图 3-8 所示。

三、应急会议系统架构

应急会议系统分骨干网和省内网两个层级。骨干网采用专线和数据网两种组网方式，专线方式应采用一级组网，即在总部设 RMCC 管理系统主 MCU，会议终端经路由器和 E1 接入总部专线 MCU，如图 3-9 所示。

数据网方式采用一级 MCU 组网，在总部设 RMCC 管理系统和 MCU，会议终端经数据通信网应急 VPN 接入总部数据网 MCU，如图 3-10 所示。

四、省内电视电话会议系统架构

省内电视电话会议系统一般采用两级 MCU 组网、终端三层接入方式，覆盖省、市、县各级电视电话会议会场。省地通道为专线通道，节点包括省公司、地区公司、直属单位，如图 3-11 所示。

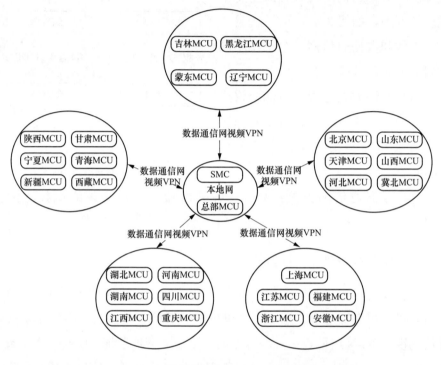

图 3-8　国网总部和各省公司 MCU 分布图

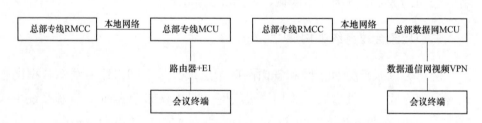

图 3-9　应急会议专线组网方式示意图　　图 3-10　应急会议数据网组网方式示意图

　　整个系统采用以 MCU 为中心的星型结构，为电视电话会议系统提供接入、控制和服务功能。电视电话会议的所有终端都要和被划分的 MCU 建立连接，通过 MCU 进行视频图像的交换及语音的混合播放。

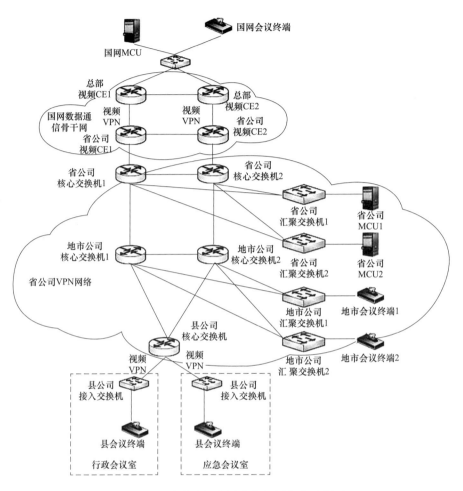

图 3-11　省内电视电话会议组网方式示意图

任务三　应急通信组网典型架构

≫【任务描述】

本任务主要阐述电力系统多态融合立体式应急通信系统的架构及其重要组成部分。通过分析多种应急通信系统设备的功能和特点，使读者了解应急通信系统的架构及其重要组成部分的基本应用方式与应用特点。

》【技术要领】

一、应急通信系统架构

应急通信系统包括 4G 卫星便携站、应急通信卫星车、大功率对讲系统、新型三合一卫星电话、北斗短报文应急通信终端、单兵图传设备、北斗应急管理平台、无人机接入平台等，总体组网架构见图 3-12。

应急通信系统结合了卫星、同频自组网、无线图传等多种通信手段，建立前线指挥部与省市公司应急指挥中心的回传连接，综合了音视频、定位等多种类型的数据，构建了一体化的通信网络。

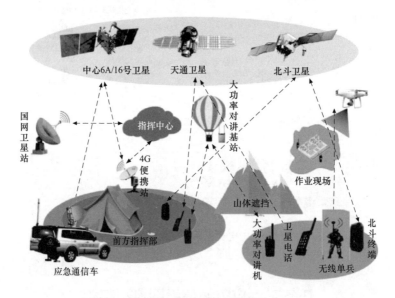

图 3-12　系统总体组网架构

二、应急通信系统主要设备类型

（一）前端采集设备

在应急响应时，位于一线的前端采集设备迅速承担起受灾现场的通信需求，并与前方指挥中心建立通信连接。下面将介绍几种前端采集设备。

1. 大功率对讲系统

大功率对讲系统以自组网的方式构建通信链路，组网快速灵活且不依赖卫星链路、公网链路、微波链路等第三方资源；又因其工作在超短波频段，在野外具有优越的传输特性，可以覆盖半径 10～20km 的范围，可以解决大范围抢修现场的通信覆盖问题。典型的大功率对讲系统如图 3-13 所示。利用氦气球升高便携大功率基站进行天地一体数字集群组网可以补强信号盲点，同时通过无线宽带 Mesh 自组网技术可以扩展抢修作业区域，实现对抢修现场作业人员的定位管控和语音实时指挥。

2. 三合一式卫星电话

三合一式卫星电话集天通卫星、电信 4G 和无线对讲三种通信方式于一体，并配置了增强型天线，其不受方位限制，对星效率更高，使用体验大幅提升。图 3-14 是一款新型的三合一式卫星电话，它能提供更为便捷的无公网应急通信，还可与电信 4G 卫星便携站结合充当专用终端。

图 3-13 大功率对讲系统　　　　图 3-14 三合一式卫星电话

（二）信号回传设备

信号回传设备作为连接前端采集设备与指挥部的重要通道，应具有足够承载通信需求的传输带宽，以实现两地之间的音视频业务相传。

图 3-15　4G 卫星便携站

1. 4G 卫星便携站

4G 卫星便携站是目前最新配置的应急通信设备，也是国内领先的卫星与 4G 基站结合的产品，见图 3-15。在公网通信瘫痪的情况下，4G 卫星便携站可以实现 3min 内精准对星，5min 内接通互联网业务，其覆盖半径达 300m 以上，支持 4G 上网通话等功能，下行带宽高达 40Mbit/s，可满足整个前方指挥部的公网通信需求。

2. 卫星车子系统

卫星车子系统是现场指挥部的备用通信手段，主要用于消除主要的通信孤点，见图 3-16。车内配备了甚小孔径地球站（Very Small Aperture Terminal，VSAT）设备、视频会议设备、背负式无线单

图 3-16　应急通信卫星车

兵设备、无线宽带传输设备和其他相关设备。应急卫星通信车具有机动、灵活、集成度高的特点，可充分利用多种通信手段来满足应急通信需要，尽一切可能进行图像、语音传输，为自然灾害、突发事件的应急处置提供切实可行的通信保障手段。

3. 北斗短报文通信盒子

图 3-17　北斗短报文
通信盒子

在运营商公网瘫痪的情况，抢修人员在野外可以通过北斗短报文和应急抢修中心保持联络。图 3-17 为北斗短报文通信盒子，其服务器和接收天线位于调度指挥大楼。通过可视化界面可以在线监控应急抢修人员和抢修物资的位置，并可实时记录应急队员的行动轨迹。北斗短报文通信盒子可以实现完全意义上的天基通信。

项目四

电力交换网系统调试

▶▶【项目描述】

　　本项目描述了交换系统在开局部署和功能模块验收阶段的流程、数据配置和注意事项等内容。主要包括安装站点要求，硬件、软件数据配置流程，调度交换机、调度台和录音系统等功能要求，IMS Core 多媒体网元功能验收方法及要求等。通过介绍参数标准定义、流程设计，使读者熟悉IMS 多媒体业务系统建设的相关内容。

任务一　开局部署及数据配置

▶▶【任务描述】

　　本任务主要讲解多媒体业务系统的安装与调测、硬件、软件数据配置要求、网元的分类与部署要点等内容。通过解析系统安装流程与硬件、软件数据配置流程，使读者了解通信交换系统业务建设标准化流程中的关键节点，掌握同类系统在开局部署阶段的方式方法和注意事项。

▶▶【技术要领】

一、硬件安装与调测

　　设备的长期、安全、稳定运行与硬件安装工程的质量有密切关系。只有使安装工程系统化、规范化，才能有效地减少因安装而造成的设备运行的不稳定因素，提高设备在网上运行的可靠性和工作效率。硬件安装的总体流程如图 4-1 所示。

　　根据设备厂商提供的设备标准安装工艺完成硬件安装，并参照产品硬件质量标准逐项进行验收，验收完成后再安装走线架。走线架安装流程如图 4-2 所示。若机柜采用上走线，要在机房内部安装走线架，安装走线架主要需要线梯、槽形连接件、弯角连接件、过线架、三角支架、线槽连接卡、线槽固定卡、线槽、活用护线套、端盖、矩形框、槽型钢等。

二、程控交换机数据配置

程控交换解决方案的总体配置流程如图 4-3 所示。

三、IMS 软件数据配置

IMS 解决方案的总体配置流程以及配置前需要完成的基本数据准备工作如图 4-4 所示。

1. 配置各网元基本数据

主要配置 IMS CORE 各网元的 License 数据、本局数据和对接数据。配置完成后，应保证各网元 License 状态正常、与周边相关网元的链路或通信链接正常，从而为后续配置业务数据以及调测做准备。

2. 配置个人用户业务发放数据

主要配置各网元的业务发放基本数据，为后续配置业务数据以及调测做准备。

3. 配置 IMS 域内呼叫数据

主要配置 IMS 域内的基本呼叫数据，包含放音、计费、路由、号码分析、会话控制等内容。配置完成后，应保证使用测试软终端能成功注册到 IMS，并能拨通 IMS 域内基本呼叫，且放音和计费正常。

4. 配置接入网数据

主要给出 IMS 核心网对接入侧的关键配置和对接要求，指导工程师根据配置要求进行接入侧的相关设备配置。配置完接入侧数据后，应保证能

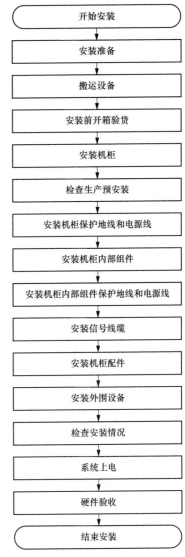

图 4-1　设备硬件安装总体流程

使用现网终端成功注册到 IMS，并拨通 IMS 域内基本呼叫，且放音和计费正常。

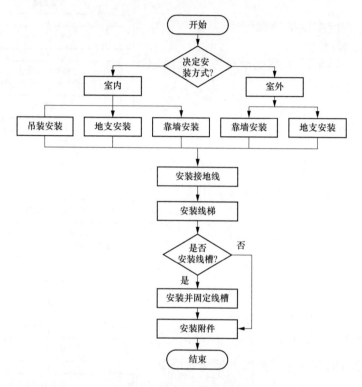

图 4-2　走线架安装流程图

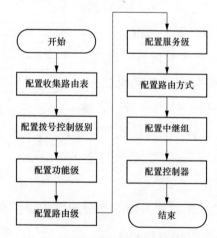

图 4-3　程控交换机数据配置流程图

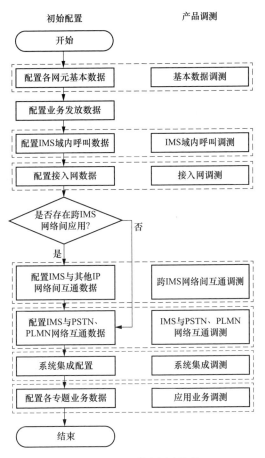

图 4-4　IMS 开局配置流程

5. 配置 IMS 网络与其他 IP 网络互通数据

当需要与其他 IP 网络对接时，配置 IP 域间的基本呼叫数据。配置完成后，应保证能使用现网软终端成功拨通 IP 域间基本呼叫，且放音和计费正常。

6. 配置 IMS 与 PSTN 或 PLMN 网络互通数据

主要配置 IMS 跟 PSTN 或 PLMN 对接的域间基本呼叫数据。配置完成后，应保证能使用现网软终端成功拨通 IMS 与 PSTN 或 PLMN 域间基本呼叫，且放音和计费正常。

7. 第三方系统集成配置

主要配置与多媒体应用业务发放、网管、计费系统等对接的数据〔含网管与操作维护单元（Operation and Maintenance Unit，OMU）对接数据]。配置完成后，应保证 IMS 系统与本阶段各系统集成配置后的业务功能均正常。

任务二　多媒体调度交换功能模块验收

》【任务描述】

本任务主要梳理调度交换网核心交换机、调度台、录音系统的验收要求。从参数达标、功能模块验证、技术指标和设计要求等方面讲解系统验收方法。

》【技术要领】

本任务涉及的设备通用技术规范主要有 DL/T 598—1996《电力系统通信自动交换网技术规范》、DL/T 795—2001《电力系统数字调度交换机》和 YD/T 954—1998《数字程控调度机技术要求和测试方法》等。

一、调度交换机功能要求

（1）调度交换机的公共设备部分应为冗余控制系统，即包括 2 套完全独立的公共设备（包括处理器、电源、交换矩阵等），其中 1 套公共设备运行在主用方式，另 1 台公共设备运行在热备用方式。如果主用控制设备出现故障，系统将自动切换到备用控制设备，而且已建立的呼叫不能被中断，冗余控制系统的运行可由其中的任何一套公共设备来保证。

（2）整机停电时，外线可自动接到指定分机（有中继旁路功能）。电源故障时，应能自动保护系统数据。调度交换机主机支持双机同组。调度交换机支持 IP 放号板卡，单板不少于 100 个 IP 用户。调度交换机要求支持网络时间协议（Network Time Protocol，NTP）时间同步功能。

（3）调度交换机应同时具备以下组网功能：在电力系统管理范围内采

用全网统一编号方式，局号可任意设定；具有分析、接收、存储和转发 20 位号码的能力；新增调度交换机能与招标方已有交换机组网互联，且能兼容电路交换、信令及调度功能等。

（4）具有智能路由功能。能通过软件设置手动或自动地选择路由，或设置路由优先，实现异机同组智能路由选择，避免呼叫失败。所有中继均可设置为单向或双向，可以实现中继转中继。

（5）具有灵活的中继接口方式，如 2/4 线 E&M、环路 2 线、数字中继、四线载波等。

（6）可实现分组调度功能。网内可设置多个用户群，一台调度交换机内可设置多个不同级别的调度台组，每个组对应各自的用户群，不同的调度台组之间可实现完全隔离或根据需要存在一定的联系。每个调度台组内的各成员共享调度信息。高级别调度台呼叫低级别用户时，遇忙（含中继线忙）可强插、强拆。

二、调度台功能要求

（1）同一调度台组可以有两个号码，一个用于普通来话，另一个用于紧急来话，调度用户在紧急情况下可以拨打紧急号码。调度台对收到的普通来话和紧急来话采用不同的声、光提示方式加以区别。调度台应包含用户键及功能键，支持触摸屏显示式、按键式操作台，同时应能显示相关来电号码及中文名称。

（2）提供调度直呼分机功能与并席功能。任意调度台上的调度话机摘机后，按用户键可以无阻塞直呼中继及用户。用户可以同时与多个调度台双向通话，并席应可达 16 个席位。

（3）提供呼叫保持、会议、转接、强插、强拆、监听、组呼、群呼等调度系统常用电话功能。各调度台可根据需要设置不同的优先等级，当两用户分机正在通话时，所有调度话机都有对其中一台分机协商强拆的功能。

（4）支持程控交换模式和 IP 工作模式，并可配置相应完整的系统。实现一键组呼、编组会议功能：调度台通过数据设置支持固定成员电话群呼、会议功能，也支持调度员临时增加成员的电话群呼、会议功能。

（5）界面具备热键号码搜索、页面快速选择、页面嵌套等便于用户快速搜索、站点号码归类的功能。屏幕分体式调度台需支持不少于 20 个标签同页显示。

（6）具备本地录音及录音回放功能，支持直接录音回听、录音拖动播放、录音输出、录音上传等功能。屏幕式调度台录音存储容量不低于 4GB，按键式调度台录音存储容量不低于 1GB。调度台支持 NTP 时间同步功能，且在数据更新时运行不中断。

三、录音系统功能要求

（1）支持对接调度交换机 2M 中继板卡，在调度交换机侧对调度通话进行集中录音；支持通过 SIP 网口实现对 IP 单机的录音能力；支持通过并接音频线实现对模拟单机的录音能力；支持通过调度台设备的音频输出口实现对调度台设备的录音能力；支持获取调度台设备通过 IP 网络上传的调度录音文件。

（2）具备录音信息存储功能。调度录音系统的存储功能主要在前端实施，同时支持网络备份存储上传。设备可以按照使用地点命名，以便在综合网管系统里识别设备使用地点。录音文件使用硬盘存储，需支持 wav 格式并与各种主流播放器兼容，便于在不同设备上进行检索和播放。

（3）具备查询播放功能。提供方便的录音文件检索、查询手段，可根据时间、主被叫号码等信息检索并播放录音，播放时可实现播放、快放、慢放、拖曳、暂停等功能。SIP 的录音文件支持双声道录音，播放时进行混音。支持一键查询最新的录音文件，按"下一键"逐个查询次新一条录音文件。用户交互界面方便使用，最近的录音文件可以直观地反映所查日期的录音资料情况，并可以点取播放。用户选择播放的录音为正在录制的文件时可以选择实现为用户打包后播放，并提供录音文件网页播放功能。

（4）具备实时报警处理功能。设备支持录音电话断线报警、在线运行状态报警，并可将报警信息上传至综合网管。

（5）具备时间同步功能。设备支持与时间源进行时间同步，录音文件及操作日志的时间均以同步时间为基准。

任务三　IMS 应用功能模块验收

» 【任务描述】

本任务主要梳理 IMS 应用功能模块的验收要求。从参数达标、功能模块验证、技术指标和设计要求等方面讲解系统验收方法。

» 【技术要领】

在工程建设完成后，需要对 IMS 系统各项功能模块逐一进行验收。在总体要求上，IMS 系统应支持与异厂家软交换设备及 IMS 设备以基于 IPv4 或 IPv6 方式的互通，且支持通过标准 IMS 业务控制（IP multimedia subsystem Service Control，ISC）接口向第三方提供业务。

多媒体业务功能有呼叫前转业务、录音业务、群组业务和信息共享业务等，特定业务的验收步骤如下。

一、呼叫前转业务验收

呼叫前转业务属于补充业务的一种，其流程如图 4-5 所示。前转业务

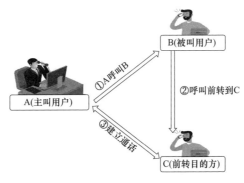

图 4-5　呼叫前转流程图

配置成功后，满足前转条件的呼叫将被前转到预先设定的前转方上。呼叫前转业务的验证步骤见表 4-1。

表 4-1 呼叫前转业务验证步骤

序号	验证操作步骤	验证结果
1	进入 SPG/ATS 的用户基本信息修改界面	前转业务成功
2	在用户数据修改界面中的"用户公有标识"处输入待添加用户的公共标识	
3	在"业务数据→补充业务→呼叫前转→入群呼叫前转"业务权限中选择"true"，单击"执行"。"结果"列表中"返回信息"参数行提示"操作成功"即表示添加用户业务权限成功	
4	数据配置成功后拨打号码测试是否会进行前转	

二、录音业务验收

本单位增强型呼叫业务有通话录音功能，此应用可以考察企业电话的资源利用率，同时可以在业务发生纠纷时提供法律证据。实时录音可以保留电话业务的凭据，便于全面考察企业员工的工作能力、电话礼仪规范等。录音业务的验证步骤见表 4-2。

表 4-2 录音业务验证步骤

序号	验证操作步骤	验证结果
1	统计需要录音的号码，并录入到录音系统中	录音功能可以正常使用
2	分配号码所属权限，以便管理员快速查询	
3	使用录音号码进行拨打测试，查看录音通道是否被占用	
4	使用管理员账户查看通话录音数据，播放录音检查通话是否完成	

三、群组业务验收

基于 IMS 的电视电话会议平台，可实现群组会议和预约会议两种开会方式。用户可根据密码（房间号）进入相应会场参会，管理员可通过后台登录管理正在进行的会议。群组业务的验证步骤见表 4-3。

表 4-3 群组业务验证步骤

序号	验证操作步骤	验证结果
1	拨打接入号进入会议	群组业务正常使用，可以进行多方会议通话
2	管理员在后台管理对电话会议进行管控，并且可以主动呼叫用户进入会议	

四、信息共享类业务验收

信息共享类业务的典型代表为当下的企业通讯录。企业通讯录是在个人通讯录的基础上，结合企业的特点管理、维护、传达信息，也是企业组织架构的表现。信息共享类业务的验证步骤见表 4-4。

表 4-4 信息共享类业务验证步骤

序号	验证操作步骤	验证结果
1	进入话机 Web 管理界面配置轻型目录访问协议服务器，登录通讯录管理后台分配权限	联系人中轻型目录访问协议企业通讯录存在相对应联系人信息表示配置成功
2	与企业通讯录内成员互相拨打	可以正确匹配企业成员个人信息表示通讯录配置成功

项目五

电视电话会议系统验收

>> 【项目描述】

　　本项目主要介绍电视电话会议系统的建设，主要包括会场布局、音视频设备以及核心系统设备。通过解析系统设备的部署、调试和验收方法，使读者掌握电视电话会议系统建设的相关内容。

任务一　设备安装部署及调试

>> 【任务描述】

　　本任务主要阐述了电视电话会议系统中设备的安装部署要求和调试方法，通过了解会议设施建造的标准规格，使读者掌握同类电视电话会场在建设布局、设备部署方面的注意事项。

>> 【技术要领】

　　参照国家电网公司关于印发《国家电网公司电视电话会议管理方法》的通知（国家电网企管〔2015〕1246 号文），本任务讲解了电视电话会议系统的会场布局、音视频设备的安装部署及调试方法、电源和接地的安装要求。

一、会场布局

　　电视电话会议系统的会场布局由会场和控制室组成。会场用于召开电视电话会议。控制室用于操作控制电视电话会议系统，辅助会议正常召开。控制室一般设置单独房间，放置终端、交换机、矩阵、调音台、控制系统等会议设备。

二、音频系统设备部署及调试

　　音频系统设备包括有线话筒功放、扬声器、调音台、音频处理器等设备。会场内应配置鹅颈指向性麦克风，麦克风底座应带开关按钮。配置等离子显示器的会场不应选用红外无线话筒，防止红外信号互相干扰。

音频处理器和调音台是会场音频系统的核心设备，构成了会场音频处理切换系统。两系统独立操作，音频处理器也作为备份手段单独使用，提高系统的稳定性和可靠性。

各个会议室的音频系统必须具备数字信号处理（Digital Signal Processing，DSP）架构，该架构应为系统提供混音、路由、均衡、分频、限压、回声消除器（Acoustic Echo Canceller，AEC）、自动增益补偿（Automatic Gain Control，AGC）等功能。DSP预设程序应满足会议室多种使用状态，设置完成后一键即可实现简单的调用，且此种设置模式下所有扩声设备的工作状态需满足 GB 50371—2006《厅堂扩声系统设计规范》的检验检测标准。

三、视频系统设备部署及调试

视频系统设备包括显示器、摄像机及视频矩阵等设备。会场宜选用会议摄像机作为摄像设备，摄像设备可选择移动式，能够调节位置和高度。会场选用高清等离子电视机或高清投影机作为显示设备。

四、电源和接地验收要求

（1）电视电话会议系统宜采用三套供电系统，以减少经电源途径带来的电气串扰。第一套采用不间断电源系统（Uninterruptible Power Supply，UPS），用作会场照明；第二套采用UPS，用作控制室、会场的重要电视电话会议系统设备的供电（支持双路电源输入的设备应同时接入第一套供电电源）；第三套用于空调等一般设备的供电。

（2）交流电源按一级负荷供电，电压波动范围和不间断电源应符合用电设备要求。

（3）接地系统应采用单点接地的方式。信号地、机壳地、电源告警地、防静电地等均应分别用导线经接地排，一点接至接地体。接地系统应满足

YD 5098—2005《通信局（站）防雷接地规范》的要求。

任务二　会场外围系统验收

❯❯【任务描述】

本任务主要描述会场外围系统的验收方法。从音频系统和视频系统两个方面详解会场外围系统部分的验收标准。

❯❯【技术要领】

一、音频系统功能要求

音频系统设备包括有线话筒功放、扬声器、调音台、音频播放器等。会场内应配置鹅颈指向性麦克风，麦克风底座应带开关按钮。配置等离子显示器的会场不应选用红外无线话筒，防止红外信号互相干扰。

会议终端应与调音台直连。各个会议室的音频系统必须具备数字 DSP 架构，该架构应为系统提供混音、路由、均衡、分频、限压、AEC、AGC 等功能。DSP 预设程序应满足会议室多种使用状态，设置完成后一键即可实现简单的调用，且此种设置模式下所有扩声设备的工作状态需满足国家相关扩声系统的检验检测标准。

二、视频系统功能要求

视频系统设备包括显示器、摄像机及视频矩阵等设备。

视频信号的输入输出可通过视频矩阵进行切换。视频矩阵的接口应与视频输入、输出设备接口的类型一致。会场内画面的切换优先选择具备 HD-SDI 接口的矩阵。对于有多种视频信号的会议室，可选择使用混合矩阵。

视频系统需满足全部会场既可以显示同一画面，又可以显示本地画面。

全部会场的画面可依次显示或任选其一。当某一会场需要长时间发言时，主会场应能通过视频矩阵任意切换其他会场的画面进行轮询广播，而不中断发言会场的声音。

任务三　会场核心系统验收

》【任务描述】

本任务主要描述了电视电话会议核心系统的验收方法，从 MCU 功能和网络系统功能切入，详解会场核心系统功能的验收标准。

》【技术要领】

电视电话会议系统 MCU 功能验收测试的内容见表 5-1。

表 5-1　　　　　　　　　　电视电话会议 MCU 功能验收表

序号	项目	要求	结果
1	多方对话	允许多个会场（1~3 个）同时发言	
2	召开会议	立即开会	
		预约会议	
3	会议监视	监视会场点的状态	
		在管理界面上监控会场画面	
4	会议控制	语音激励控制切换图像	
		管理者控制切换图像（随意切换任意会场）	
		轮询模式	
		多分屏画面控制	
		静音控制	
		删除任一会场	
		加入任一会场	
5	中文显示	中文滚动字幕、中文会场名	
6	分屏显示	1、2、3、4、5＋1、7＋1、9、16 分屏	
7	丢包抑制	在部分站点网络存在丢包时，屏蔽对应会场对整个系统的影响	

网络系统功能验收测试的内容见表 5-2。测试操作方法可参照厂家提供的技术文件或使用专用测试设备进行。

表 5-2　　　　　　　　　电视电话会议网络系统验收表

序号	项目	要求	结果
1	交换机检查	设备软件版本适用、统一	
		是否可以远程管理	
2	系统功能检查	与省核心交换机的连通性	
		与省核心 MCU 的连通性	
		设备间邻居关系检查	
		二层环网 STP 检查	
		三层路由表检查	
		三层设备路由表检查	
		路由路径是否符合设计	
		各个会议节点承载的网络设备间链路连通性检查	
		承载网络的吞吐量是否满足所有会议节点同时召开电视电话会议的需求	

会议终端验收测试的内容见表 5-3。测试操作方法可参照厂家提供的技术文件。

表 5-3　　　　　　　　　电视电话会议终端验收表

序号	项目	要求	结果
1	硬件及连线验收	检查网络连接是否正确	
		检查图像输入输出是否正确	
		检查演示内容输入是否正确	
		检查音频输入输出是否正确	
2	功能测试	是否支持 H.323、SIP	
		主席会议控制功能是否正常	
		有线及无线投屏是否正常	
		终端日志查询功能是否正常	
		终端配置文件数据导入导出是否正常	
		Web 界面管理功能是否正常	
		通过 SMC 网管系统获取终端信息功能是否正常	
		信令诊断功能是否正常	

项目六

应急通信系统设备部署与调试

≫【项目描述】

　　本项目主要阐述了应急通信系统的建设，主要包括应急系统中六种主要设备的安装部署及调试。通过系统架构展示、功能模块说明、使用方式展示，使读者了解电力应急通信设备的结构组成、部件接口与操作方式。

任务一　前端采集设备安装部署及调试

≫【任务描述】

　　本任务主要阐述了三种主要的前端采集设备的安装部署及调试。通过分部件展示各类设备、阐述详细的操作流程，使读者掌握大功率对讲系统、单兵系统、三合一卫星电话系统的组成与操作方式。

≫【技术要领】

一、大功率对讲系统部署及调试

（一）系统简介

　　在运营商网络瘫痪的情况下，利用大功率对讲系统可以自组网络，如图 6-1 所示。抢修现场的多个数字对讲终端组网后能实现 10～20km 半径范围内的对讲通信。一个基站可以覆盖多达 50 个数字对讲终端，还可以通过基站之间的互联互通，进一步在更大范围内实现对讲通信的覆盖。

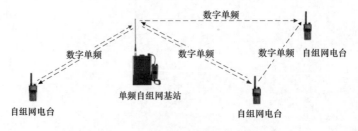

图 6-1　大功率对讲系统单频自组网图

（二）基站安装方式

1．有线方式

到现场后找一个至高点安装天线。在馈线一头接上天线，并在接头处使用防水胶布和电工胶布缠绕做好防水，另一头连接设备。另需找个空旷的地方安装全球定位系统（Global Positioning System，GPS）卫星基站设备。设备接收卫星连线，查看卫星是否锁定，指示灯闪烁表示收到信号但没锁定，绿色常亮说明锁定。

基站设备接上 2M 线后，在机房的中心汇接设备上插 2M 链路板并接上 2M 线，接好后查看控制器的显示屏。若显示是 LINK：OK，说明链路接通；若显示 LINK：RX 或者 ERR，可能是设备链路板上的 2M 线接反，可对调 2M 线接口；若还是不通，则要检查 2M 线接头和 2M 链路是否异常。

2．自组网方式

现场的天线和卫星基站设备安装步骤同上。基站卫星都锁定 15～20min 后，两个基站将自动组网，实现基站覆盖范围内的对讲机互通。

3．4G 联网

现场的天线和卫星基站设备安装步骤同上。将控制器上的链路板更换成 4G 模块链路板并插上 4G 上网卡，在机房的中心汇接设备上插 4G 链路板并插入 4G 上网卡，插好后查看控制器的显示屏上是否显示 LINK：OK。

（三）座机与对讲机互通

假设电话模块的电话线在程控交换机上接了电话号码 201、202、203、204，用户电话是个固定电话，电话号码是 208。

CCM 设置了常规为 1，组为 1，手台 ID 有 100 和 65535 两个，电话网关设置为 999。

1．用户电话拨手台

当用户电话拨手台时，在号码 208 的固定电话上输入 201。等听到响亮的叮叮声后，按 *，再输入号码。第一个数字是 7 表示单呼、8 表示组呼，其余无效；第二个数字表示用哪个常规 ID，第三个数字起是手台、组

57

ID 或全呼 ID，输入完以♯结束。

如 100 这个手台，二次拨号要输入的内容为＊71100；如 1 这个组，二次拨号要输入的内容为＊811♯或＊81001♯。

必须注意的是，常规手台 ID 和组 ID 常用不编队的方式，电话模块也只支持不编队的方式。

2. 手台拨用户电话

当手台拨用户电话时，在拨打电话号码界面，输入用户电话号码再按 OK。如果写频时访问码为空白，则手台会提示输入访问码，按＊再输入多数字访问前缀。大多数情况下，如果没有要求访问限制，多数字访问前缀可以省略。

手台主叫电话时，手台可以挂断通话。具体操作为按 back 按键，或者手动输入断开码再按 OK。

二、单兵系统部署及调试

（一）系统简介

单兵系统是应急指挥车的终端延伸。应急基干队员可以背负无线单兵系统，深入到灾害现场内部，将音视频数据信号回传到应急指挥车，应急指挥车再将信号转发至后方应急指挥中心。单兵系统深入半径可以达到 2km，还可通过中继进行更大范围的通信。

系统支持高速移动和非视距条件下的应用，支持语音、图像、数据等 IP 业务，支持终端同频多级中继，适合城市、山地、海面等复杂环境下的机动应用。

（二）操作方法

1. 中心站开机

图 6-2 为单兵无线图传中心控制器设备面板图。

应急通信车电源系统启动后，按图 6-2 中的 2 号电源开关即可开机。开机后，路由模式状态为自动，黄灯闪亮。入网设备指示灯至少有一盏黄灯亮，当有 N（$N \leqslant 7$）台单兵设备入网之后，亮灯的数量为 $1+N$。

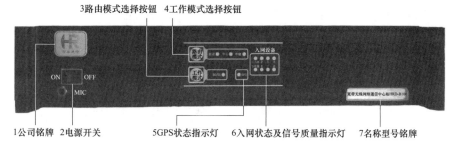

图 6-2　单兵无线图传中心控制器设备面板图

2. 单兵使用操作

开机：当单兵设备的 1 接口设备天线接口安装天线后，长按 2 设备电源开关 5s，直至所有指示灯同时闪烁一次后松开，设备即可开机。开机后，自动指示灯为黄灯常亮，电源灯为红灯常亮或闪亮。设备启动完成后，入网灯为绿色。

关机：与设备开机方式相同，长按 2 设备电源开关 5s，直至所有指示灯熄灭后，设备即可关机。

日常使用中，可以通过单兵设备的各种不同指示灯来了解设备目前的工作状况：

（1）路由模式状态栏有三盏灯，分别是自动、中心和中继；这三种状态表示单兵设备和中心站之间的路由选择关系。当路由模式为中心时，单兵设备会直连车载中心站；当路由模式为中继时，单兵设备会通过中继方式连接中心站。

（2）电源状态灯：当电源状态灯为红色常亮时，表示单兵设备电量充足；当电源状态灯为红色闪亮时，表示设备电量不足。

（3）信号质量灯：当信号质量灯为黄色常亮时，表示单兵设备与车载中心站设备之间的信号质量正常；反之，当信号质量灯为黄色闪亮时，表示单兵设备与车载中心站设备之间的信号质量欠佳，黄灯闪亮越频繁，表示信号质量越差。

（4）入网灯：若单兵设备已在中心站设备注册入网，则入网灯为绿色常亮；反之，则入网灯为熄灭状态。

3. 连接数码摄像机（Digital Video，DV）的音视频单兵系统

如图 6-3 所示，音视频的原始信号通过刺刀螺母连接器（Bayonet Nut Connector，BNC）音视频接口输入到单兵设备中，再由相应的编码模块编码成 IP 数据包，通过无线方式传送到中心站设备中。

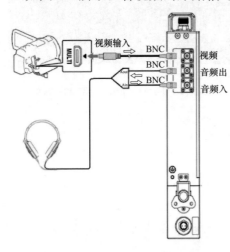

图 6-3　DV 模式的单兵设备连接图

DV 通过一根 Mini HDMI 转 BNC 接口的数据线连接单兵设备（线缆有配发）。DV 开机后，图像信号即可传送到单兵编码器中。耳麦通过一个分离器分离出 Ain（AudioIn）和 Aout（AudioOut）两个 BNC 接口，分别与单兵设备的音频入和音频出连接，实现单兵设备与中心站设备的语音双向对讲功能。

三、三合一卫星电话系统部署及调试

（一）系统简介

三合一卫星电话系统集成了天通卫星、电信 4G、无线对讲三项功能，并配置了增强型天线。无线对讲功能可以直接调整频率接入现有对讲机系统，在小范围情况下可作为对讲机使用。在有公网区域，可以直接通过电信 SIM 卡接入公网系统。

（二）操作方法

拧开背壳自安装螺丝后，卸下背壳电池，安装 4G 电话卡和卫星卡，打开辅助搜星，对准卫星方向，等待 20～30s 接入卫星网。

1. 拨打卫星电话

直通 4G 公网手机、固定电话、入网卫星电话可以输入电话号码直接拨打。

2. 对讲机使用

按压侧面模式切换键进入对讲模式，此时 4G 网络和卫星网络将关闭。

屏幕上可以触控选择频段，界面有 9 个频率，单击数字快速选择频率，长按数字修改频率。除此之外还可选择已收藏频率、设置接收频率和发送频率等功能。上下滑动可以调整音量大小，也可以使用侧面的音量按键进行调整。按住界面通信按钮或侧面随按即说（Push To Talk，PTT）键，对准麦克即可说话。按压侧面模式切换键或界面退出键，退出对讲返回手机模式。

任务二　信号回传设备安装部署及调试

≫【任务描述】

本任务主要阐述了三种主要的信号回传设备安装的部署及调试。通过分部件展示各类设备、阐述详细的操作流程，使读者掌握 4G 卫星便携站、卫星通信车、北斗位置监控平台的系统组成与操作方式。

≫【技术要领】

一、4G 卫星便携站系统部署及调试

（一）系统概述

4G 卫星便携基站系统是新一代高通量卫星通信设备，配备了 Ka 波段（K-above band）的 0.5m 高性能碳纤维抛物面天线及馈源系统，可以实现 3min 内精准一键对星，5min 内完成地面信号和卫星之间通信信号的收发传输。经调制解调器转化为 IP 公网宽带，然后接入业务综合箱，即可在公网通信瘫痪的环境下，独立自主地提供一定范围的 4G 信号和 WiFi 覆盖，现场人员即可用移动手机直接进行语音通话和网络连接。目前卫星带宽上行可达 10M，下行可达 40M，可满足整个前线指挥部的通信需求。

4G 卫星便携基站系统采用拉杆箱包装。整套系统由 Ka 自动卫星便携天线、业务综合箱、4G 全向天线和附件线缆组成。具体设备整体组成及连

线如图 6-4 所示。

（二）操作方法

1. 位置选择

4G 卫星便携基站系统部署最重要的一步就是 Ka 自动便携站架设位置

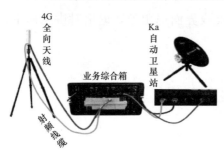

图 6-4　卫星便携站系统总体图

选择。为保证 Ka 卫星便携站能够精准寻星、锁定、入网，架设位置应尽量满足：地面坚硬平整，正南方向一定范围内开阔无遮挡，且远离高电磁环境，可参考图 6-5。

2. 开箱

将图 6-6 中主机箱的四个卡口打开后可取出各部分组件。

图 6-5　Ka 自动便携站架设参考图

3. 安装主机箱

根据现场环境调整三脚架支腿长度与高度，并使水平尺的气泡尽量居中。将主机箱部分固定在三角支架上方后，用锁紧旋钮将主机箱锁紧固定。

4. 组装天线

将天线面板中心轴对接，依次安装面板 1～4，并依次卡紧卡扣。安装馈源天线副反射面，并顺时针拧紧，具体安装步骤如图 6-7 所示。

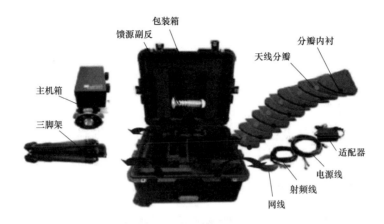

图 6-6 主机箱各分部件图

5. 上电前初始化调整

为保证自动寻星顺利完成，在无电状态下，逆时针旋转主机箱方位旋钮，使主机箱指示箭头朝南，如图 6-8 所示。

图 6-7 天线面板安装步骤图　　　　图 6-8 主机箱方位参考图

6. 系统线缆连接

按系统组成图连接各线缆。安装卫星天线电源输入接口时，对准插针和插孔后，顺时针转动电源线的航空头直到拧紧。使用射频线缆中的红色线缆将终端盒上的 TX 接口与 Transceiver 的射频连接 TX 口相连，蓝色线缆将业务综合箱上 RX 接口与 Transceiver 的射频连接 RX 口相连。

7. 设备上电

按下电源按钮，业务箱有风扇转动声即为上电成功。卫星天线旋钮转至自动，指示灯亮起。

8. 一键寻星

卫星天线显示屏设备状态显示初始化成功，按下寻星或收藏按钮，按钮绿色环灯亮起，天线进入自动寻星状态，1min 内即可完成跟踪锁定。天线 AGC 值大于 2.0 时状态即正常，状态变化如图 6-9 所示。

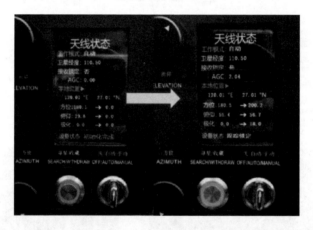

图 6-9　卫星天线状态变化

二、卫星通信车部署及调试

（一）系统概述

移动应急通信指挥系统以专业改装后的专用车为载体，可供多人使用。卫星通信车主要配备卫星设备、4G 公网、会议系统、窄带自组网、宽带自组网、手持终端等通信手段，能够迅速掌握事件发生现场的实时态势。可作为现场应急指挥中心，与固定指挥中心系统互联互通，获取相关音频、视频、数据等资料。在事件现场附近构成现场指挥平台，提高各级政府处置突发事件的能力。卫星车系统架构主要包括车载基础环境、车载设备、车载业务支撑、车载业务应用以及网络通信传输，如图 6-10 所示。系统具备专网语音通信、卫星通信、视频通信、数据通信、网络对外互联、车载办公、音视频处理及录播与集中控制等功能。

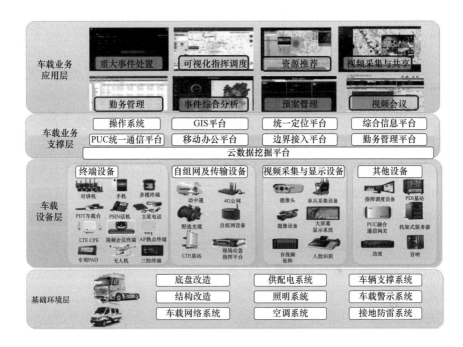

图 6-10 卫星车系统架构图

（二）操作方法

1．准备工作

（1）应急通信任务申请：在启用应急卫星通信车之前，应按照应急卫星通信系统启动申请程序向有关部门申请应急卫星通信系统的启用，并进行频率申请。

（2）车辆放置：应急通信车的车头向北放置，天线朝向没有遮挡物，车辆周围没有铁器支架、网格等物品。车辆停放地面平整、结实，便于支撑腿的启动。车辆停放点方便取电或放置发电机。

（3）启动车辆支撑腿：在支撑腿下正确放置撑垫木，然后启动车辆，开启支撑腿驱动器电源，搬动驱动器群支、群收开关至群支位置。待支撑腿至合理位置后驱动器会自动关闭。

（4）安装车辆接地线和发电机接地线：取下电源盘，将车辆接地棒插在车辆附近湿地内，接地棒接地带一端线头拧紧在电源盘固定螺丝位置，车辆接地线即安装完成。如需要启动发电机设备，接地棒接地带一端线鼻头拧紧，在发电机接地端固定螺丝位置，发电机接地线即安装完成。

（5）车辆连接市电或发电机电源：在配电盘处于关闭后可以接通电源。

2．系统运行

（1）接通设备电源。将外接市电电源插头或发电机电源连接至车辆外接电源插座，开启 UPS 设备，待运行正常后开启配电盘等相关设备。

（2）启动卫星天线。首先确保车载天线设备没有线缆缠绕或其他影响天线正常寻星的因素。天线控制器数据在调试过程中已经设定，启动卫星天线对星前不要修改天线控制器参数。

开启天线控制器，如应急通信车本次任务地点和上次任务地点相差30km 以上，应查看天线控制器 GPS 数据是否更新。如天线控制器 GPS 数据没有及时更新，需要待 GPS 数据更新后再启动天线操作。

待屏幕出现天线控制、系统设置、监控显示时，通过面板左右键选择天线控制再按确认键，天线即开始自动寻星。此时，屏幕显示天线对星中。

当屏幕显示天线对星完成时，本次天线寻星工作结束。此时可以进行卫星链路连接工作。

（3）单兵无线图传中心控制器便携箱和单兵设备的安装。详见本项目任务一单兵系统部署及调试。

（4）建立卫星链路。确认信令调制解调器 CDM-570L 的 RX TRAFFIC 灯已经亮起，说明车载卫星站已经接收到主控站的信令信号。

车载站和中心站向主控站申请分配一对 CDM-570L 的频率。

主控站频率分配后，信令 CDM-570L 发射灯 TX TRAFFIC 和业务CDM-570L 接收灯 RX TRAFFIC 亮起，应急卫星通信双向链路完成建立。

（5）业务传输。开启单兵设备，测试设备运行正常后前往应急现场。打开折叠显示器，等待应急指挥中心呼叫。

应急卫星通信车可通过 Polycom 会议系统音频传输系统、应急通信车电话系统、单兵 IP 软解码终端（单兵控制终端—电脑笔记本）或背负式单兵与应急指挥中心建立联系。

车载应急卫星通信系统可通过视音频矩阵切换向应急指挥中心提供相关视音频信号。

三、北斗卫星导航系统部署及调试

（一）系统简介

北斗卫星导航系统是中国自行研制的全球卫星导航系统，其核心特点在于具备短报文双向通信能力，可在全球范围内全天候、全天时地为各类用户提供高精度、高可靠的定位、导航、授时、短报文通信服务。

其通信技术特点如下：

（1）通常有两颗以上卫星交叉覆盖，信道冗余配置，保证了通信信道的稳定性。

（2）不受地形环境和气候限制，具备无通信盲区、传送距离远等特点。

（3）北斗卫星具备双向通信功能，可采用短报文方式实现数据通信。

（4）北斗系统具有良好的加密功能，用户终端采用一户一密，安全加密性好，用户数据不受干扰、不易受损，可保证用户数据通信安全。

（5）北斗用户卡以 1min 卡为主，每张用户卡每分钟仅能发送一帧报文，报文长度不超过 78byte。短报文传输点对点通信传输时延为 1～5s，消息通信传输时延约 0.5s，实时性有一定限制，但对于数据采集传输应用而言，时间资源完全能满足要求。

北斗卫星导航系统主要包括终端和北斗位置监控平台两部分，现场的终端可以支持单机工作。单机工作模式下，设备开机即可不断进行位置上报到局端，局端接收到位置信息后即可在地理信息系统（Geographic Information System，GIS）中显示。同时，设备可以支持通过蓝牙或 WiFi 连接天地卫通 App。北斗监控平台可以支持用户位置显示与跟踪、SOS 报警、北斗卫星通信、北斗短报文下和短信下发、救援指挥调度与轨迹共享等功能。

（二）操作方法

1. 位置监控

位置监控模块可查看当前账号分配的设备的位置信息。企业用户可以查看每个设备的当前位置，可以编辑备注设备的名称，还可以点击实时按钮查看北斗设备的实时位置，如图6-11所示。如需查看历史轨迹，则点击轨迹按钮，并选择需要查看的历史轨迹时间段，即可回放轨迹，如图6-12所示。如需给北斗设备下发信息，则可以通过聊天按钮打开聊天对话窗口，输入内容发送至北斗设备。

图 6-11　位置监控页

2. 报平安

前方人员在作业完成或者到达某个目的地后，可以通过 App 或北斗设备发送报平安信息到平台，平台可以根据设备信息以及报平安的时间、位置查看前方人员的情况，如图6-13所示。

3. 报警信息

当前端人员遇到紧急情况时，可以通过 App 或北斗设备开启 SOS。北斗设备启动报警后会以 10min 一次的频度向平台报警,管理员可以根据报警信息去证实信息正确性,并安排救援工作。平台会记录每次报警的记录,点击历史报警可以查看报警的历史记录以及处理记录。

4. 轨迹管理

前端人员在户外作业时容易走错或迷失方向。将监控平台生成的作业轨迹分享给前端作业人员后,前端人员即可根据作业轨迹进行活动,这样不仅不会迷失方向,还可以严格按照路径行走,在避免危险的同时提高效率。

创建轨迹的方式可以通过手动绘制、kml 文件导入或使用分享码添加。同时,用户的轨迹也可以直接导出为 kml 文件,或把轨迹的分享码分享给其他人员以导入当前轨迹。

图 6-12 轨迹回放页

卡号	经度	纬度	内容	报平安时间
212579	120.649922	27.996306		2021-06-23 09:15:53
212576	120.65032	27.996261		2021-02-09 10:44:22
212588	120.646139	27.999915		2021-02-02 09:02:50
313996	113.445504	23.157737		2021-01-29 16:32:05
313996	113.445454	23.157922		2021-01-29 16:22:28
212579	119.858889	27.647786	我已安全到达目的地	2021-01-28 20:26:29
212579	119.858636	27.647786	我已安全到达目的地	2021-01-28 20:25:10
212579	119.858636	27.647786	我已安全到达目的地	2021-01-28 20:23:48
212579	119.858636	27.647786	我已安全到达目的地	2021-01-28 20:22:27
212579	119.858636	27.647783	我已安全到达目的地	2021-01-28 20:21:05

图 6-13 报平安查看页

69

5. 设备管理

只有添加设备后才可以对设备进行监控。添加设备时不能添加非本企业的设备，添加设备后可以对设备的备注进行编辑，同时也可以对不需要监控的设备进行删除，被误删除设备可以重新添加。

6. 用户管理

用户管理并不是指对企业用户进行管理，而是指企业账号可以添加多个子账号，给子账号分配部分设备，那么子账号就可以与主账号同时监控部分设备。企业用户可以添加多个子账号，分配给不同的部门或分公司使用。主账号既能管理全部的设备，同时还能控制每个子账号所能监控的设备范围，可以有效管理北斗设备的使用。

项目七

电力多媒体交换网系统升级改造

》【项目描述】

本项目描述了多媒体交换业务在从程控交换迁移至 IMS 核心网的系列内容，主要包括汇接中继迁移、应用平台迁移和用户迁移，通过介绍迁移步骤流程设计、图解示意和注意事项，使读者熟悉多媒体业务迁移的各重要环节。

任务一　交换汇接中继迁移

》【任务描述】

本任务主要阐述了公网运营商互联中继从程控交换设备迁移至 IMS 核心网的内容，通过文字描述、图解示意和流程设计等，使读者掌握中继迁移的处置方法和技能要求。

》【技术要领】

一、汇接中继调整拓扑

汇接中继调整拓扑分为迁移前、中、后三个拓扑状态，以对端电信运营商有 2 个局端站点为例。

图 7-1 表示调整前汇接中继仅与原程控交换设备对接。图 7-2 表示在调整过程中，运营商局点与 IMS 和程控设备均有中继互联，且部分话务字冠被调整到了新建的中继链路上。图 7-3 表示调整后原中继的所有呼叫路由均指向新建链路，此时应做好各类呼叫场景的话务验证测试工作，以图 7-3 内中继数量以实际为准。

二、中继迁移步骤

（1）与电信运营商新建若干条信令链路，一半至 IMS 主站（以下简称主站），其余至 IMS 备站（以下简称备站），并完成链路层面的数据配置及调测，通过 DSP N7LNK 命令查看链路状态是否为正常使用，同时跟踪链路消息，查询主叫被叫号码格式是否符合规范。图 7-4 为 7 号信令中继链路工作状态，表示成功建立了 7 号信令链路。

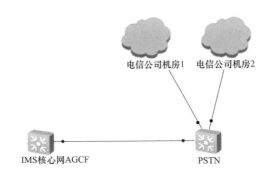

图 7-1 割接前运营商至省公司网络拓扑

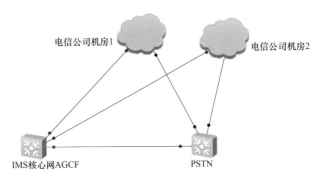

图 7-2 割接中运营商至省公司网络连接拓扑

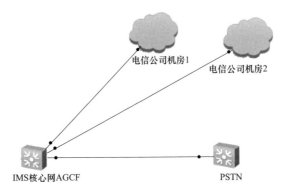

图 7-3 割接后运营商及省公司网络拓扑

```
%%DSP N7LNK: MN=1308, LNKN=10;%%
RETCODE = 0  操作成功

双归属状态
----------
双归属工作模式  = 互助非激活态
(结果个数 = 1)

MTP链路查询结果
----------------
        模块号  = 1308
      内部模块号  = 1308
        链路号  = 10
        链路名称  = TO_ZJDX-10000
        链路状态  = 使用/正常/远端处理机不故障/已激活/
  信令链路选择码(Hex)  = 00 01 02 03 04 05 06 07 08 09 0A 0
        主从标志  = 主归属
(结果个数 = 1)

---  END
```

图 7-4　7 号信令中继链路工作状态

IMS 侧调整部分外线呼叫字冠至新建信令链路，原程控交换机调整部分外线呼叫字冠指向 IMS，完成呼出测试。电信运营商将特定电力测试号码的信令（每平台 1 个）送到新建和 IMS 对接的中继群，完成所有呼入场景的功能测试。

（2）部分话务链路割接，调整电信运营商局点的若干话务链路至 IMS 主站和备站，核实割接工作现场的跳线准备情况。物理中继链路测试参照第一步。调整完毕后，本域通过拨号测试确认话务链路正常工作。程控交换将剩余出局号码路由陆续指向 IMS 中继群，并相互拨打测试，并做好相关的主叫、被叫号码分析，保证主叫、被叫号码符合规范。

（3）剩余话务链路割接，业务稳定测试一段时间后，断开电信运营商和程控交换剩余的互联中继，完成电信运营商中继迁移工作。

三、应急预案及呼叫验证

中继迁移呼叫测试验证见表 7-1。

表 7-1　　　　　　　　中继迁移呼叫测试验证表

呼入呼出测试	验证方式	是否接通	号显情况
IMS 用户呼出测试	IMS用户通过出局字冠呼叫本地固话、本地非移动手机号码、以及外地非移动号码测试	是	呼出后手机端号码显示为"区号＋IMS用户对应的公网号码"，号显正常
程控用户呼出测试	程控用户通过出局字冠呼叫本地固话、本地非移动手机号码、以及外地非移动号码测试	是	呼出后手机端号码显示为"区号＋程控交换用户对应的公网号码"，号显示正常
电信运营商用户呼叫 IMS 用户测试	电信运营商用户通过座机对应的公网号码进行呼叫测试	是	电话端显为出局字冠＋手机号码，方便其回呼

续表

呼入呼出测试	验证方式	是否接通	号显情况
电信运营商用户呼叫程控用户测试	电信运营商用户通过座机对应的公网号码进行呼叫测试	是	电话端号显为出局字冠＋手机号码，方便其回呼

若割接时发生故障，应急预案处理步骤如下：

（1）业务回退到程控和电信运营商对接的中继，缩短业务中断时间。

（2）回退完成后再进行 IMS 域内号码到电信运营商号段的出局呼叫拨测，确认回退成功，业务正常。

（3）确认后检查网管所有网元有没有与本次割接相关的告警，确认本次操作对现网未造成其他影响。

任务二 应用平台迁移

≫【任务描述】

本任务主要阐述个应用平台与程控换对接中继割接至 IMS 软交换的通用流程，通过文字描述、图解示意和流程设计等，使读者掌握应用平台迁移的处置流程和方法。

≫【技术要领】

一、数据核查

数据核查工作主要是对原程控交换机汇接平台互联状态进行核实，并确认汇接平台原程控交换机对接信令模式，并核实对接信令数据。

二、迁移规划

IMS 系统侧首先进行原程控交换机对接服务器迁移至 IMS 系统的数据

规划和数据配置工作，配置数据过程中，应根据前期数据核查结果将涉及服务平台的呼叫字冠迁移至 IMS 侧。若原服务器对接端口为 PRA 中继数据，则无需改动、增加中继配置，IMS 侧参照原程控中继数据配置即可完成于应用平台的对接，IMS 侧数据规划详见表 7-2。

表 7-2 　　　　　　IMS 侧应用平台互联数据规划示意表（举例）

平台信息	号码段	对接中继群	路由选择码	信令链路号	中继群号	网络/用户	MGW 物理端口信息	
							整形接口	端口槽位
2290 后勤平台	5182290	PRA	1800	1800	1800	网络侧	1800	22

三、操作配置

汇接平台迁移配置流程图如图 7-5 所示。

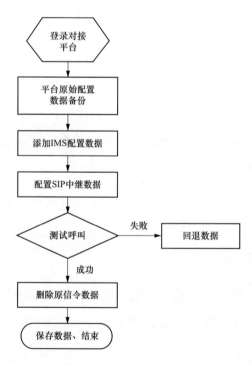

图 7-5　汇接平台迁移配置流程图

任务三 用 户 迁 移

》【任务描述】

本任务主要阐述了行政电话用户迁移至 IMS 系统的操作流程和具体步骤。

》【技术要领】

一、IP 用户迁移

当生产办公场所原本行政电话均为 IP 电话时,将涉及用户迁移至 IMS 系统。考虑迁移过程的平稳性,在楼层分布两套接入交换机,一套软交换使用,一套为 IMS 系统使用,并对单个号码逐个进行割接,具体割接步骤见表 7-3。

表 7-3 IP 用户割接步骤

序号	步骤	具体工作内容
1	号码摸排	梳理用户终端 IP 地址、交换机端口、话机型号、码号资源使用人信息和号码开通情况等
2	号码开户	IMS 核心网侧开户,通过 SPG 网元导入用户号码开户信息到 HSS、ENS (ENVM/DNS)、ATS 等网元
3	楼层交换机调试	按终端对应的交换机端口逐个跳接到 IMS 核心网交换机,并记录对应的交换机端口号,以便后期故障维护
4	话机安装调试	安装新 IP 终端话机或原话机重新配置,获取 IP 地址后登录配置相关数据如 SIP 服务器、用户账号、密码及企业通讯录等相关数据
5	原系统号码注销	注销原软交换系统相关号码
6	用户侧号码拨测	割接成功后,用户侧配线架拨测,主要测试外线呼叫、内线呼叫和短号呼叫等呼叫业务

二、模拟用户迁移

当生产办公场所原本行政电话均为模拟电话时,改造后通过 IMS 放号，现场由 AG、IAD 设备转换为模拟电话，因此现场综合布线至用户的跳纤利旧，图 7-6 为模拟用户迁移示意图。

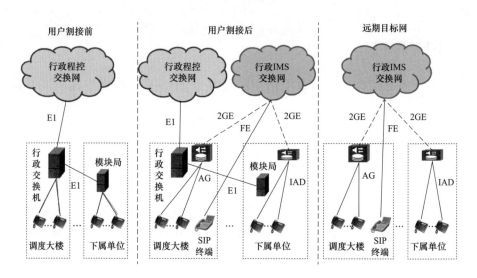

图 7-6　模拟用户迁移示意图

在程控设备与 IMS 媒体网关建立中继互联后，进行模拟终端的用户割接。具体割接步骤见表 7-4。

表 7-4　　　　　　　　　　　　　模拟用户割接步骤

序号	步骤	工作内容
1	号码摸排	梳理站点需要割接的具体号码，包括公网号码，内线号码等，并到现场逐一核实用户侧音配资料
2	IMS 开户	IMS 核心网侧开户，通过 SPG 网元导入用户号码开户信息到 HSS、ENS、ATS 等网元
3	接入网关数据配置	AG、IAD 导入开户信息，数据配置成功后，设备提示号码注册成功
4	音频配线架跳线	根据号码摸排时提供的音频配线架信息，将号码和使用用户一一对应，一一跳线
5	程控路由配置	程控交换机将迁移号码段的呼叫路由指向 IMS
6	拨测验证	用户侧配线架拨测，主要测试外线呼叫，内线呼叫，短号呼叫等呼叫业务

项目八

电视电话会议系统升级改造

▶【项目描述】

本项目描述了电视电话会议系统的升级改造内容，主要包括新设备测试、接入、省地核心链路割接、上联路由器割接、老旧设备退出等步骤，通过升级改造流程示意图、文字描述、表格陈列等，使读者掌握电视电话会议系统升级改造的各重要环节。

任务一　升级改造实施步骤

▶【任务描述】

本任务主要介绍了电视电话会议系统升级改造的实施步骤，通过流程图、表格陈列、文字描述、注意事项等，使读者熟悉电视电话会议系统割接的技术操作和要求。

▶【技术要领】

电视电话会议系统升级改造的整体流程示意图如图 8-1 所示，具体割接步骤见任务二。

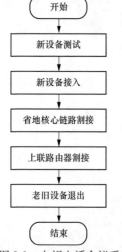

图 8-1　电视电话会议系统升级改造流程示意图

一、新设备测试

本项目的割接主要涉及 MCU、软 MCU、会管服务器、注册服务器、录播服务器、核心交换机、核心路由器和汇聚交换机等。设备到货后，开展测试、上架、电源接入等工作，正式进入割接操作。

首先组建独立局域网，测试设备性能及运行情况。局域网具备核心层、接入层，网内运行设备主要包括核心 MCU、软 MCU、会管平台服务器、核心路由器、交换机等。

组网测试主要内容见表 8-1。

表 8-1   组网测试内容表

测试项目	测试内容
不同品牌网络设备的兼容性	局域网复制现网的网络环境，测试各品牌网络设备同时运行时是否平稳
主备核心路由器间互联主备链路倒换测试	在局域网上复制主备核心路由器在新专网上的路由策略，中断主备链路，测试是否会倒换至备用链路，是否影响电视电话会议正常召开
MCU 网口备份测试	在 MCU 上设计了冗余网口，当主用网口网络异常时，备用网口可以实时接替工作。模拟主用网口断网，测试备用网口是否实时接替工作，是否影响会议正常召开
MCU 电源备份测试	在 MCU 上设计了冗余电源，当主用供电异常或者单个电源损坏时，另一个电源还可以正常地提供 MCU 运转所需的电力，从而充分地确保 MCU 设备供电安全。模拟主用电源故障，测试备用电源是否实时接替工作，是否影响会议正常召开
MCU 资源池备份测试	MCU 资源池使用多个 MCU 组成一个资源池，当某台 MCU 宕机，该 MCU 上召开的会议可自动转移至资源池内其他 MCU。模拟池内某台 MCU 宕机，测试其他 MCU 是否够实时接替工作，是否影响会议正常召开
管理平台备份测试	通过群集的方式实现对管理系统的备份，在一个群集中任何一个服务器发生故障，作为一个整体的群集都可以使用群集中其他服务器上的资源来继续向用户提供服务。模拟管理平台主用会管服务器宕机，测试备用会管服务器是否实时接替工作
呼叫控制系统备份测试	通过虚拟路由器冗余协议守护进程技术实现主备注册服务器间的心跳和数据同步，任何一个注册服务器异常都不会对系统有影响，充分保证移动交换中心（Switch Center，SC）服务的可靠性。模拟主用注册服务器宕机，测试备用注册服务器是否实时接替工作

二、新设备接入

将组建好的局域网通过新核心路由器与原核心路由器互联接入现网中，并做好网管监控。新设备接入所需完成的工作内容见表 8-2。

表 8-2   新设备接入工作内容表

工作项	工作描述
工作 1	省公司新主核心路由器接入至省公司旧主核心路由器
工作 2	省公司新备核心路由器接入至省公司旧备核心路由器
工作 3	省内组会测试观察会议效果及稳定性
工作 4	国网电视电话会议业务 PING 包测试
工作 5	省公司新旧核心路由器之间链路联通性测试
工作 6	省公司新旧核心路由器之间主备链路倒换测试

工作项	工作描述
工作 7	省公司旧核心路由器和地市公司汇聚交换机之间主备链路倒换测试
工作 8	国网资源组会测试

三、省地核心链路割接

各地市汇聚和省公司汇聚根据规划依次从省公司原核心路由器割接到新核心路由器上，同时将省地传输通道调整至光传送网（Optical Transport Network，OTN）和同步数字体系（Synchronous Digital Hierarchy，SDH），具体见表 8-3。割接过程做好网管监控。

表 8-3 省地核心链路割接工作内容表

工作项	工作描述
工作 1	地市公司旧主汇聚交换机割接至省公司新主核心路由器
工作 2	地市公司旧备汇聚交换机割接至省公司新备核心路由器
工作 3	省内组会测试观察会议效果及稳定性
工作 4	国网电视电话会议业务 PING 包测试
工作 5	省公司主备新核心路由器和地市公司汇聚交换机之间链路联通性测试
工作 6	省公司主备新核心路由器和地市公司汇聚交换机之间主备链路倒换测试
工作 7	国网资源组会测试

四、上联路由器割接

将新上联国网 CE 的链路调整至新核心路由器上，做好系列测试，工作内容见表 8-4。

表 8-4 上联路由器割接工作内容表

工作项	工作描述
工作 1	国网视频 CE1 割接至省公司新主核心路由器
工作 2	国网视频 CE2 割接至省公司新备核心路由器
工作 3	国网电视电话会议业务 PING 包测试
工作 4	省公司主备新核心路由器和国网视频 CE 之间链路联通性测试
工作 5	省公司主备新核心路由器和国网视频 CE 之间的主备链路倒换测试
工作 6	国网资源组会测试

五、老旧设备退出

待地市公司新采购汇聚交换机到货后，各地市公司自行进行汇聚交换机割接，最后更换老旧交换机设备。

任务二　升级改造测试验证

≫【任务描述】

本任务主要介绍电视电话会议系统升级改造完成后进行的测试验证操作，测试内容包括省网网络连通性及倒换测试、国网网络连通性及倒换测试、组会观察会议效果及稳定性。

≫【技术要领】

一、省网网络连通性及倒换测试

依次验证省公司核心、汇聚交换机间的主备链路、省公司核心至各地市汇聚交换机的主备链路的联通情况，并填写表格。

省网组会，进行倒换测试并观察其对会议效果的影响。

验证主用链路和备用链路是否可相互倒换。在省公司核心路由器设备上依次拔掉互联至省公司汇聚交换机主和各地市公司汇聚交换机的主尾纤，查看电视电话会议业务是否顺利倒换至另外一条核心备链路，并记录倒换时间。

二、国网网络连通性及倒换测试

依次验证省公司新核心路由器至国网 CE 的主备链路联通、倒换测试情况并填写测试表格。

三、组会观察会议效果及稳定性

（1）国网行政数据网组会，呼入省公司数据网终端，在会场持续收听收看，确认国网公司声音画面及辅流效果，并做好记录。

（2）国网资源池系统组会，呼入全省一体化终端，在会场持续收听收看国网公司声音画面及辅流效果，并做好记录。

（3）省公司MCU级联各地市公司MCU组会，呼入全省行政会议室终端，在省公司主会场持续观察各地市县声音画面及辅流效果，各分会场持续观察省公司主会场声音画面及辅流效果，并做好记录。

四、风险管控及回退措施

（1）网络设备间软件版本不兼容等出现问题。地市汇聚交换机软件版本与新核心路由器可能发生软件版本不兼容、路由协议邻居状态不正确、路由条目不正确等问题。解决方法：①调整汇聚交换机版本至推荐软件版本，导入原配置；②排查多次后仍然无法解决交换机问题时，更换新的备用交换机

（2）回退措施。如果割接中出现影响电视电话会议系统召开会议的情况并且持续无法解决，则回退至割接前的状态。回退措施见表8-5。

表 8-5 回 退 措 施 表

工作项	工作描述
工作1	在省公司主备旧核心路由器上关闭互联至省公司主备新核心路由器端口
工作2	地市公司主备汇聚交换机上联链路退回到省公司主备旧核心路由器，通道由OTN、二平面退回至原省公司基础网传输设备
工作3	国网视频CE1、CE2下联链路退回至省公司主备旧核心路由器
工作4	回退工作完成后，完成通道测试及业务测试，保持会议连接，观察会议效果及稳定性

项目九

日常管理和运行维护

【项目描述】

本项目主要描述了电力多媒体通信业务系统的日常运维工作处理、典型故障处置方法和倒换演练等内容，通过处置流程描述、图解示意和技巧演示等，使读者掌握多媒体业务管理及运行维护的重要环节。

任务一   交换码号资源定义及管理原则

【任务描述】

本任务主要解读交换网码号各位数代表的定义和码号分配方法。

【技术要领】

一、呼叫字冠及大区编号定义

按照信《国网信通部关于印发公司行政电话码号资源使用管理规范及开展码号规划调整工作的通知》（信通通信〔2017〕140 号文），浙江省电力行政电话交换网的码号资源规范性调整工作，在统筹规划、集中管理、规范分配、规范使用、按需预留资源、码号优化与网络改造同步的规划原则下有计划、有步骤地开展。根据现行的码号资源使用管理实施细则，电力交换网中电力调度交换网、电力行政交换网和公网的呼叫使用字冠进行区分，见表 9-1。交换网大区编号见表 9-2。

表 9-1 　　　　　　　　　呼 叫 字 冠 说 明

呼叫字冠	说明
8	电力调度交换网呼叫字冠
9	电力行政交换网呼叫字冠
0	公网电话网呼叫字冠

表 9-2　　　　　　　　　　　　交换网大区编号

区域编号	区域名称
1	总部及国调直调厂（站）
2	预留
3	华中分部区域
4	东北分部区域
5	华东分部区域
6	西藏（暂定）区域
7	预留
8	西北分部区域
9	华北分部区域

二、行政交换网码号资源定义

行政电话号码采用"局向号＋用户号"的 9 位全长格式（$9X_1X_2PQABCD$），每一位的释义见表 9-3。每个专网号匹配对应的运营商公网号，专网号后四位（用户编号）与运营商公网号码后四位保持一致。公网号码前 4 位为本地运营商分配的局号，后 4 位应与专网号码后 4 位保持一致。

表 9-3　　　　　　　　　　　行政交换网码号定义

9	X_1	X_2	P	Q	A	B	C	D
行政网呼叫字冠	大区编号	各省编号	单位局向编号		用户编号			

以某网省公司行政电话号码 95518××××为例，9 代表电力行政交换网呼叫字冠，$X_1＝5$ 代表某分部地区，$X_2＝5$ 代表具体网省区域，$PQ＝18$ 代表具体单位编号，××××代表用户分机号码。

三、调度交换网码号资源定义

调度电话号码、调度交换网编号采用全网九位等位编号，电力调度交换网全编号号码结构为 $8PQRSABCD$，调度交换网码号定义见表 9-4。

表 9-4　　　　　　　　　　　　　调度交换网码号定义

8	P	Q	R	S	A	B	C	D
调度网呼叫字冠	大区编号	各省编号	地区局向编号		用户编号			

以调度号码 855014×××为例，$Z=8$ 代表电力调度交换网呼叫字冠，$P=5$ 代表某分部区域，$Q=5$ 代表网省区域，$RS=01$ 代表具体地市区域交换机局向号，4×××代表用户分机号。

任 务 二　 交 换 日 常 运 维

≫【任务描述】

本任务主要介绍交换系统（包括行政交换系统和调度交换系统）日常巡检、定期巡检以及资料维护等工作内容。

≫【技术要领】

一、日常巡检

交换系统日常巡检根据设备类型不同有所区别，包含程控交换机日常巡检和 IMS 软交换系统日常巡检。交换系统日常巡检项目见表 9-5，表中记录了交换系统日常巡检的项目内容、作业方法、周期和作业标准等。

表 9-5　　　　　　　　　　　交换系统日常巡检项目

项目	内容	作业方法	周期	作业标准	维护记录
机房环境	检查机房温度、湿度情况	现场巡视	每日	机房温度：10～28℃；机房相对湿度：30%～80%	
程控交换系统	检查设备机主控机框电源是否正常	现场巡视	每日	指示灯状态绿灯为正常、红灯为异常	
	检查设备扩展机框电源是否正常	现场巡视	每日	指示灯状态绿灯为正常、红灯为异常	

续表

项目	内容	作业方法	周期	作业标准	维护记录
程控交换系统	检查设备主控板、用户板、中继板、信令板、录音板等各类板卡是否运行正常	现场巡视	每日	指示灯状态绿灯为正常、红灯为异常	
	检查调度台运行状态	现场巡视、切换 U 接口注册	每日	调度台显示"工作中"，切换 U 接口可正常注册	
	检查调度录音系统，确认各录音通道正常、录音可正常播放、回放、声音清晰	现场巡视	每日	录音通道状态正常、录音可正常播放	
	检查网管服务器电源模块是否运行正常	现场巡视	每日	指示灯状态常亮为正常、常灭为异常	
	检查网管服务器风扇运行状态	现场巡视	每日	风扇正常运转无异响、出风口正常排风	
	检查网管服务器硬盘是否运行正常	现场巡视	每日	Active 指示灯常亮或闪烁为正常、Fault 指示灯常亮或与 Active 同时灭为异常	
	检查设备当前告警状态、历史告警信息	网管巡视	每日	无重要告警提示	
	检查调度录音机硬盘空间及剩余情况	现场巡视	每周	硬盘使用率应不超过 80%	
	检查计费系统运行情况	网管巡视	每月	检查实时话单是否正常输出，若为双套计费系统则检查计费内容是否一致	
	检查系统当前时间	网管巡视	每月	系统时间与北京时间一致，可正常同步时间	
	检查设备各方向中继使用情况	网管巡视	每日	系统无相关告警，中继状态显示 READY 或 BUSY	
		现场巡视	每月	2M 互联中继线缆、双绞线、光纤等是否牢固、有无松动及虚接；线缆、板卡标识是否正确清晰	
	检查设备接地情况	现场巡视	每月	应接线牢固、标识清晰	
IMS 行政交换系统	检查控制机框电源模块 A、B 是否运行正常	现场巡视	每日	指示灯状态常亮为正常、常灭为异常	

续表

项目	内容	作业方法	周期	作业标准	维护记录
IMS行政交换系统	检查机框风扇盒是否运行正常	现场巡视	每日	风扇正常运转无异响、出风口正常排风	
	检查 IMS 系统核心网元单板是否运行正常	现场巡视	每日	指示灯状态绿灯为正常、红灯为异常	
	检查 IMS-SBC 设备机框电源是否运行正常	现场巡视	每日	指示灯状态绿灯为正常、红灯为异常	
	检查 IMS-SBC 机框风扇盒是否运行正常	现场巡视	每日	指示灯状态绿灯为正常、红灯为异常	
	检查 IMS-SBC 设备单板是否运行正常	现场巡视	每日	指示灯状态绿灯为正常、红灯为异常	
	检查 IMS-MGW 设备电源模块是否运行正常	现场巡视	每日	指示灯状态常亮为正常、常灭为异常	
	检查 IMS-MGW 设备风扇盒是否运行正常	现场巡视	每日	风扇正常运转无异响、出风口正常排风	
	检查 IMS-MGW 设备单板是否运行正常	现场巡视	每日	指示灯状态绿灯为正常、红灯为异常	
	检查服务器电源模块是否运行正常	现场巡视	每日	指示灯状态常亮为正常、常灭为异常	
	检查服务器硬盘是否运行正常	现场巡视	每日	Active 指示灯常亮或闪烁为正常、Fault 指示灯常亮或与 Active 同时灭为异常	
	检查服务器风扇运行状态	现场巡视	每日	风扇正常运转无异响、出风口正常排风	
	检查组网交换机电源是否运行正常	现场巡视	每日	指示灯状态常亮为正常、常灭为异常	
	检查组网交换机是否运行正常	现场巡视	每日	各接入端口指示灯常亮或闪烁为正常，常灭为异常	
	检查组网交换机风扇运行状态	现场巡视	每日	风扇正常运转无异响、出风口正常排风	
	检查 IMS 接入设备是否运行正常	网管巡视	每日	登录网管系统，查看 IAD 设备运行状态有无异常告警	
		现场巡视	每月	灯闪烁，表示存在告警；灯常灭，表示不存在告警	

项目	内容	作业方法	周期	作业标准	维护记录
IMS 行政交换系统	检查 IMS 设备硬盘磁盘使用情况	网管巡视	每月	在客户端的"MML 命令行-CGP"窗口执行 DSP SYSRES 命令，查询磁盘使用情况	
	检查热补丁运行状态	网管巡视	每月	在客户端的"MML 命令行-CGP"窗口执行 DSP PATCH 命令，查询以确认补丁的运行状态是否正常	
	检查 IMS 设备用户使用情况	网管巡视	每周	在客户端的"MML 命令行-USM"窗口执行 DSP GURN 命令，查询注册用户数	
	检查 IMS 对个局向中继链路状态	网管巡视	每月	在客户端的"MML 命令行-AGCF"窗口执行 DSP PRALNK，查询 PRA 协议状态； 在客户端的"MML 命令行-AGCF"窗口执行 DSP N7LNK，查询 7 号信令协议状态	
	检查 IMS 各设备当前告警状态、历史告警信息	网管巡视	每日	参考告警帮助及时清理告警台的实时告警； 影响业务重点关注的相关告警（紧急、重要告警）必须要第一时间闭环	
	检查计费系统运行情况	网管巡视	每日	检查实时话单是否正常输出，若为双套计费系统则检查计费内容是否一致	
	检查设备接地情况	现场巡视	每月	应接线牢固、标识清晰	

二、定期巡检

定期巡检包含中继连通性测试、系统数据备份、主备切换测试、专业巡检等。对于定期巡检：①要坚持安全第一、预防为主、综合治理的原则，综合考虑设备状态、运行情况、环境影响以及风险等因素，确保工作中的人身和设备安全；②要坚持应修必修、修必修好的原则，避免盲目检修、过度检修和设备失修，提高检修质量和效率。定期巡检项目详见表 9-6。

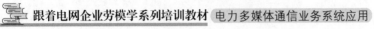

表 9-6   定 期 巡 检 项 目

项目	内容	作业方法	周期	作业标准	维护记录
程控交换系统	对设备系统运行状态、系统数据、用户数据进行深度检查，对历史告警信息进行深度分析	网管巡视	每 2 个月	分析历史告警，检查设备是否存在隐患并制定预防性故障排查的方案	
	对设备中继连通性检查、是否存在闭塞电路	电话拨测及网管巡视	每 2 个月	来话去话正常、无闭塞电路	
	完成行政、调度交换网设备数据备份工作	网管巡视	每 2 个月	一式两份，将备份数据拷贝至专用外置硬盘	
	完成调度交换录音音频备份工作	网管巡视	每 2 个月	一式两份，将备份数据拷贝至专用外置 U 盘	
	对设备进行主控系统主备倒换测试操作，确认主备系统可正常倒换、业务运行稳定	网管巡视	每半年	可正常倒换，运行稳定	
	对 IMS 核心网主备网元进行切换测试操作，确认主备网元单板可正常切换，业务运行稳定	网管巡视	每年	可正常倒换，运行稳定	
	对国网总部 IMS 系统与上海 IMS 系统一级 ENUM 进行切换测试，确认公司 IMS 核心网所在单位访问一级 ENUM 时可正常切换，不影响业务运行	网管巡视	每年	可正常倒换，运行稳定	
	对设备进行主控系统主备倒换测试操作，确认主备主控系统可正常倒换，满足主控系统 1+1 冗余备份能力，确保切换期间用户业务不受影响	网管巡视	每半年	可正常倒换，运行稳定	
	对设备进行主备切换测试操作，确认主备调度交换设备可正常倒换，满足主控系统 1+1 冗余备份能力，确保切换期间用户业务不受影响	网管巡视	每半年	可正常倒换，运行稳定	
	对多机同组调度台进行切换测试操作，确认能正常切换，调度台切换注册至一端交换机，拨测从另一台交换机落地，业务运行正常	网管巡视	每半年	可正常倒换，运行稳定	

程控交换设备现场板卡插板操作示范演示视频扫下方二维码查看。

三、资料维护

为进一步做好交换系统设备运行维护，运维人员应准备相关技术资料，并对技术资料进行定期维护更新。确保资料数据准确、方便查询，主要技术资料如表 9-7 所示。

表 9-7　　　　　　　　　交换系统运维技术资料汇总表

序号	资料名称	资料包含内容	更新频率
1	交换系统运行维护手册	含设备基本情况、中继连接情况、网管系统用户权限密码、各对口单位联系方式、备品备件情况等	设备维修、方式变更后
2	交换设备基础资料表	含各类线缆互联方式	运行方式变更后
3	交换设备巡视记录表	可根据巡视内容制作每日、每周、每月巡视表	每日、周、每月巡视后更新保存
4	交换设备深度巡检报告	可根据巡视内容制作月度、季度、年度深度巡检报告	巡视工作结束后形成报告
5	交换机数据备份专用外置硬盘或 U 盘	主要备份系统数据库核心数据，网管操作后前后备份数据等	日常巡检按月备份

任务三　电视电话会议系统日常运维

≫【任务描述】

本任务主要介绍电视电话会议系统各类设备检修以及会议保障工作，明确了电视电话会议系统日常运维工作的内容和要求。

≫【技术要领】

一、日常巡检

电视电话会议系统检修项目见表 9-8。

表 9-8　　　　　　　　　　　电视电话会议系统检修项目

项目	内容	检修记录
MCU	外观检查：MCU 所在环境温度、湿度，以及外部状态；机柜、单板指示灯状态；设备电缆、接口标签	
	配置和告警检查：软件版本是否与现网一致；Telent 命令和串口是否可正常登录操控 MCU 设备；检查 MCU 是否已在 GK 中注册成功；查看告警信息，判断是否运行正常	
会议终端	外观检查：终端外部状态是否干净清洁；检查设备电缆是否完好，插头是否连接正确可靠	
	检查终端预监功能是否打开，其余与 MCU 一致	
	连通测试和功能测试：测试终端加入会议后，本地和远端声音图像是否正常，辅流是否可以正常接入；测试主席会控功能、多画面等功能是否正常	
网管系统	服务器检查：设备清洁状况、电源线连接情况、网线状态及连接情况、设备各线缆接口处标签情况	
	信息同步、性能和版本检查：信息同步情况、服务器性能情况、软件版本等	
	专业网管系统运行情况检查：关键进程的运行状态、GK 服务器状态、所有 MCU 状态、集群设备情况、数据日志空间等	
	会议管理系统运行情况检查：登录情况、应用服务进程情况、时钟同步服务情况	
音视频外围设备	外观检查、接口检查、功能测试	

MCU 运维内容包括外观检查、配置和告警检查。

会议终端运维内容包括外观检查、配置检查、告警检查、连通性测试和功能测试。MCU 和会议终端的各检查事项的周期及判断标准应遵循《国家电网公司电视电话会议管理办法》（国家电网企管〔2015〕1246 号）。

会议电视网管系统涉及业务管理系统和会议管理系统，具体运维内容应包括服务器检查、信息同步、性能和版本检查以及系统各自运行情况的检查。

音频外围设备运维包含有线话筒、无线话筒及接收器、功放、扬声器、调音台、音频播放器等，视频外围设备包含摄像机、显示器、视频矩阵及特效机等。当发现功能异常时，及时安排检修，进行设备隐患消缺，确保设备运行状态正常。

二、会议保障

（1）会前调试。系统保障工作遵循统一指挥、协调工作、服务优质、保障有力的原则，逐级提供技术保障。调试工作由主会场运维单位负责组织，分会场运维单位根据会议要求配合开展调试，保证会议电视系统运行正常。会前调试流程如图 9-1 所示，具体调试内容见表 9-9。

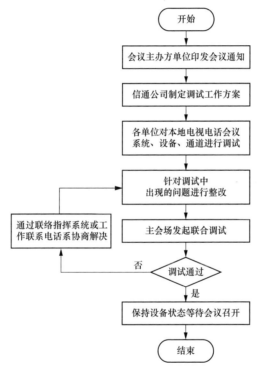

图 9-1　会议调试流程图

表 9-9　　　　　　　　　　　　**会 议 调 试 内 容**

项目	调试内容			结果
终端检查	画面	主摄像画面是否规范、正常		
		远端画面		
		切换至备用摄像	备用画面是否规范、正常	
	声音	主话筒声音（各个话筒）		
		远端声音（各发言单位）		

项目	调试内容			结果
终端检查	声音	切换至备用话筒	备用话筒数量	
			声音是否正常	
			电量是否充足	
	Power Point	主用 Power Point 正常		
		电脑待机是否取消		
		备用 Power Point 正常		
	DVD	本地 DVD		
网管操作	录像录制	是否开始，是否正常（特别关注声音）		
	会议模板	是否正常、时长是否永久、会议速率是否正常		
	主备 MCU	是否同时建会		
	音量监控	终端 Web 界面音量监控是否正常		

（2）会中保障。会议保障过程中，参会各单位会议导播、摄像、图像切换、声音控制、系统协调等岗位人员应严守岗位职责，严肃工作纪律，确保导播方案的正确实施。会中保障岗位及其职责见表 9-10。

表 9-10　　　　　　　　　　会中保障岗位及其职责

岗位	保障职责
音响控制	负责音频信号源选择，调音台音响控制、监听、录音等
平台控制	负责电视电话会议终端和多点控制单元的界面控制，实现会议调度，按照会议议程切换不同会场画面和声音；负责分会场画面的监视
视频摄像	负责摄取主会场镜头画面（特写、全景、跟拍等），包括会场内的各个摄像头
画面切换	负责通过画面的选择和切换，将合适的主画面传送至主会场本端画面显示器显示
其他岗位	负责会场照明灯光调节、录像、信号屏蔽等

会议保障过程中，各级运维单位应按照会议议程进行操作，全程保障系统的安全稳定运行，根据会议需求准确操作会议系统并做好会议记录。会议期间，主用平台若出现异常，须及时切换至备用平台。主会场运维单位应实时监视各分会场图像效果并全程录像。若发现分会场存在布置不规范、参会不及时、会中纪律差等问题，应立即通知相关单位进行调整。

（3）会后总结。会议结束后，各分会场在确认主会场退出后方可退出会议，各会场现场运维保障人员负责会后相关会议系统的关机恢复工作，保证音频、视频设备正常关闭，确保不影响下次会议召开，并根据会议情况做好会议保障记录。

任务四　应急通信系统日常运维

≫【任务描述】

本任务主要阐述应急通信系统的日常运维，包括应急卫星通信车的硬件设备维护、卫星电话操作与测试要点、无线集群系统设备测试要点。

≫【技术要领】

一、应急卫星通信车维护

对卫星通信车进行维护前，填写应急卫星通信车维护申请登记单，在维护过程中按照应急指挥通信系统卫星车日常维护记录逐项测试并填写，如表 9-11 所示。

表 9-11　　　　　　　应急指挥通信系统卫星车日常维护记录

应急指挥通信系统卫星车日常维护记录			
序号	设备	运行状态	备注
1	车辆支撑腿	□正常　□异常	
2	柴油发电机	□正常　□异常	
3	市电	□正常　□异常	
4	UPS	□正常　□异常	
5	CDM-570L	□正常　□异常	
6	上变频功率放大器 (Block Up Converter，BUC)	□正常　□异常	
7	天线控制器	□正常　□异常	
8	卫星天线	□正常　□异常	
9	会议终端	□正常　□异常	
10	车内摄像头	□正常　□异常	
11	车顶摄像头	□正常　□异常	

续表

序号	设备	运行状态	备注
12	话筒	□正常　□异常	
13	单兵	□正常　□异常	
14	车内监视器	□正常　□异常	
记录人		记录时间	

二、卫星电话维护

定期上电启动终端，测试终端天线是否正常，建议一周一次。

测试方法：使用终端连网方式接入网络，查看网络图标并呼叫其他终端。如果能呼叫，可确定天线连接正常。如果不能呼叫，检查天线连接是否正确、天线连接是否松动、通信参数是否正确设置，若还不能解决，咨询网络管理员检查网络。

三、无线集群系统维护

对无线集群系统测试时，按照应急指挥通信系统无线集群系统日常维护记录对数字信道机、数字同播系统、收发合路、基站控制器、数字交换机、高增益全向天线、手台等设备进行逐项测试并填写表格，维护记录表见表 9-12。

表 9-12　　　　应急指挥通信系统无线集群系统日常维护记录表

应急指挥通信系统无线集群系统日常维护记录			
序号	设备	运行状态	备注
1	数字信道机	□正常　□异常	
2	Elution 数字同播系统	□正常　□异常	
3	收发合路	□正常　□异常	
4	基站控制器	□正常　□异常	
5	数字交换机	□正常　□异常	
6	高增益全向天线	□正常　□异常	
7	手台	□正常　□异常	
运行情况			
记录人		记录时间	

项目十

电力交换网系统典型故障处置案例

》【项目描述】

本项目主要描述电力多媒体通信交换系统故障分类、故障处理机制及流程等系列内容，主要包括调度台、IMS 核心网、网络设备和应用平台等类型设备的故障处理内容，通过案例说明、原因分析和步骤演示等方式，使读者掌握交换系统故障处理的技能要领。

任务一 调度台典型故障案例

》【案例简介】

本任务主要介绍调度台典型故障。

一、案例描述

某调度台（组）的左、右手柄分别连接在调度交换机 A 和调度交换机 B 上，当调度电话在交换机 A 落地时，调度台左、右手柄可以接听电话，当调度电话在交换机 B 落地时，调度台右手柄可以接听电话，左手柄正常振铃但无法接听。

二、原因分析

调度台通过调度交换机发送直接代答码接听电话，上述故障中，当电话在交换机 A 落地时，调度台的左、右手柄接听电话正常，说明 A 交换机的左手柄和 B 交换机的右手柄发送的代答码都正常，当电话在 B 交换机落地时，右手柄能正常接听电话，说明右手柄发送的直接代答码和跨机代答码都正常，左手柄无法接起电话，说明左手柄发送的跨机代码无法送达交换机 B 上。

检查步骤：①排查调度台是否开启选接模式；②排查交换机内数据与调度台数据是否相符；③在网管上确认左右手柄号与从属分机号是否正确无误；④通过摘机拨打本机号码确定左右手柄号是否接反；⑤排查调度台内部是否缺少代答码（调度台长时间运行且长时间未进行数据参数交互时，易出现调度台内部代答码缺失现象）。

三、防控措施

根据项目四任务一程控交换数据配置流程，对于此故障，应及时排查 2M 中继收集路由表中是否缺少相应路由的呼叫指令，通过调度台网管查看该调度交换机是否存在代答码缺失现象，建议调度台定期进行调度台配置参数上传。

任务二 IMS 核心网典型故障案例

》【案例简介】

本案例主要阐述现网中 IMS 核心网层面出现过的典型故障及处置方法，主要包括 License 失效、媒体放音异常、呼叫权限受限等。

一、案例描述

IMS 核心网功能性 License 过期或失效，导致相应功能无法正常使用；跨系统媒体放音组件异常处置，导致听不到核心网放音内容或放音内容与预期、放音质量差等；用户呼叫权限受限，导致原拨号方式无法顺利完成拨号。

二、原因分析

关于 License 失效问题，有未采购正式授权且临时 License 过期、License 未激活、设备序列号不匹配等原因。关于媒体放音异常，有应用服务器（Application Server，AS）没有申请放音、MRFP 收号失败、MRFP 没有加载语音文件、MRFP 资源不足、MRFP 语言类型配置错误、终端与 MRFP 间网络故障、AS 申请的放音内容错误、放音文件内容录制错误、MRFP 与终端间网络质量差、用户预定会议申请放音资源失败、MRFP 资源不足、终端能力无法支持等原因。对于呼叫权限受限问题，通过信令消息跟踪分析发现跨域呼叫送至 AGCF 网元后，未在 ATS 上添加相应的呼叫字冠或进行相应的号首变化处理。

三、防控措施

对于 License 无效的处置：故障研判后顺利定位 License 失效原因，并通过重新激活或申请 License 文件解决故障。核心层 License 失效处置流程如图 10-1 所示。对于放音故障，需要快速定位到某个网元故障，然后再

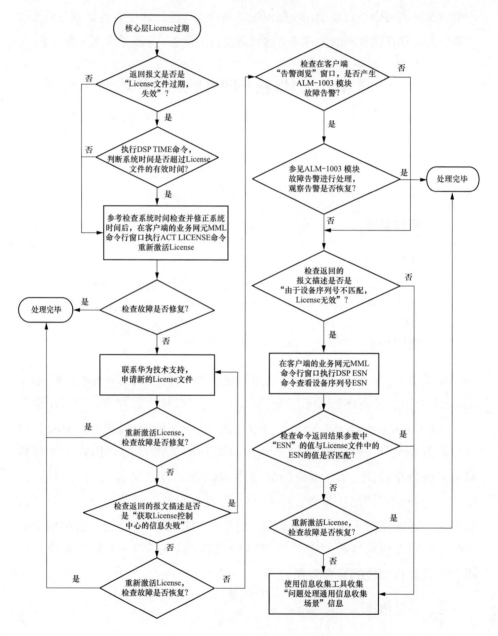

图 10-1　核心层 License 失效处置流程

具体排查、解决。

用户没有听到放音内容故障定位思路如图 10-2 所示。

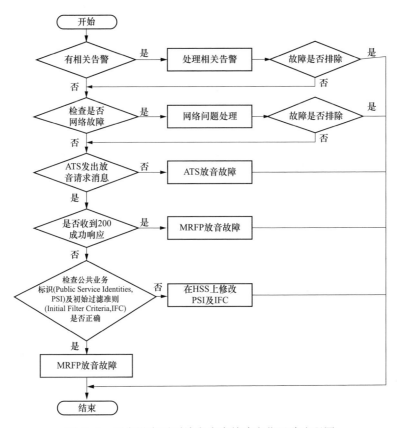

图 10-2　用户没有听到放音内容故障定位思路流程图

用户听到的放音内容和预期不符定位思路如图 10-3 所示。

当用户听到声音质量较差时，应检查 MRFP 和终端间网络质量，检查 MRFP 承载网关与终端间网络质量；当用户预定会议失败时，要检查是否 MRFP 资源不足、检查终端是否不支持会议功能；当用户加入会议失败时，

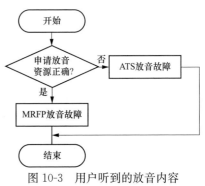

图 10-3　用户听到的放音内容
和预期不符定位思路图

应检查是否 MRFP 资源不足、检查终端编解码格式是否正确。

对于座机呼叫提示"呼叫受限，请勿越权使用"的问题，在 ATS 网元添加相应呼叫字冠或进行相应的号首变化处理将其转化为对端可接收的号码格式，此时呼叫会送至 AGCF，且匹配 AGCF 全局字冠送至对侧交换机。在 IMS 域内群用户和跨域群用户不能相互拨打短号的情况下，需优化呼叫字冠匹配至拨打电力专网号码的流程，做到用户拨打异交换系统同单位用户时拨号规则保持一致。

任务三　交换网络设备典型故障案例

≫【案例简介】

本案例主要描述交换系统中网络设备层面出现过的终端无法注册的典型故障及处置方法。

一、案例描述

本案例主要阐述了现网中话机无法获取到正确的 IP 地址导致注册失败的故障处理。

二、原因分析

在动态主机配置协议（Dynamic Host Configuration Protocol，DHCP)网络环境中，若存在 DHCP 用户短时间内向设备发送大量的 DHCP 报文，将会对设备的性能造成巨大的冲击，可能会导致设备无法正常工作。

三、故障处置

配置限制 DHCP 报文的上送速率和告警功能。

1. 配置限制 DHCP 报文的上送速率

（1）系统视图。

执行命令:

[Rx] dhcp snooping check dhcp-rate enable

使能 DHCP 报文处理单元的速率检测功能。

在系统视图下执行:

[Rx] dhcp snooping check dhcp-rate enable vlan {vlan-id1 [to vlan-id2]} &<1-10>

执行命令:

[Rx-vlanx] dhcp snooping check dhcp-rate rate

配置 DHCP 报文处理单元的最大允许速率。

(2) 虚拟局域网 (Virtual Local Area Network,VLAN) 视图。

执行命令:

[Rx] vlan vlan-id

进入 VLAN 视图。

执行命令:

[Rx-vlanx] dhcp snooping check dhcp-rate enable

使能 DHCP 报文处理单元的速率检测功能。

执行命令:

[Rx-vlanx] dhcp snooping check dhcp-rate rate

配置 DHCP 报文处理单元的最大允许速率。

(3) 接口视图。

执行命令:

[Rx] interface interface-type interface-number

进入接口视图。

执行命令:

[Rx-Ethernetx/x/x] dhcp snooping check dhcp-rate enable

使能 DHCP 报文处理单元的速率检测功能。

2. 打开告警功能

(1) 系统视图。

执行命令：

［Rx］dhcp snooping alarm dhcp-rate enable

使能当丢弃的 DHCP 报文数达到告警阈值时发出告警。若在系统视图下执行该命令，则该设备的所有接口的告警功能均生效。

（2）接口视图。

执行命令：

［Rx］interface interface-type interface-number

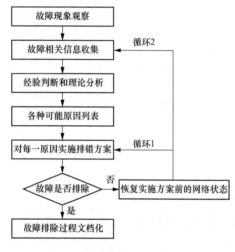

图 10-4　网络故障处理流程图

进入接口视图后，执行命令：

［Rx-Ethernetx/x/x］dhcp snooping alarm dhcp-rate enable

使能当丢弃的 DHCP 报文数达到告警阈值时的告警功能。若在系统视图下执行该命令，则该设备所有接口的告警功能均生效。

结论：通过使能 DHCP 报文处理单元的速率检测功能，能够有效防止 DHCP 报文泛洪攻击，典型排障流程如图 10-4 所示。

任务四　应用平台典型故障案例

》【案例简介】

本案例主要阐述了现网中应用服务系统层面出现过的典型故障及处置方法，主要有录音服务内存溢出和硬盘告警等。

一、案例描述

录音服务内存溢出问题，IMS 录音服务器在连续运行 3～4 个月后会出现内存使用不足的情况。

在巡检时发现其中一台服务器一块硬盘亮黄灯，登录宽带多媒体集群系统（Broadband Multimedia Cluster System，BMC）查看告警信息发现有硬盘告警。

二、故障分析

录音系统会对每一个通话的数据包进行分析，分析前会申请一块内存，分析完后就会释放，但是某一个时刻通话的并发量一下子很大，需要的内存总量就需要很大，可能会出现内存不足。运行时间较长后，操作系统的内存、数据库的内存都会逐渐变大，特别是数据库的内存，当前版本没有内存释放机制。且录音程序目前是 32 位的应用程序，内存最多使用到 2G，超出后会无法申请内存。

对于硬盘告警，登录基板管理控制器查看告警信息，发现存在硬盘告警，重启设备或重新插拔硬盘后，故障依然存在。分析根本原因，在配置磁盘阵列（Redundant Arrays of Independent Disks，RAID）过程中，配置错误，少添加了一块硬盘，且热插拔硬盘，导致 RAID 卡报错，产生告警。

三、防控措施

对于录音服务器内存溢出问题，处理措施为：

（1）升级录音服务器的录音程序至 64 位，扩大录音服务器内存容量。

（2）在备站点增加一套录音服务器，分流主站点的录音服务器压力，做到录音文件两侧实时同步。

后续总结：改造后，对录音系统查询程序进行升级，保证两个录音系统的文件可以同步，优化 IMS 录音服务系统的巡检机制，提高系统的可靠性。

对于硬盘告警问题，处理措施为：

（1）重启设备，进入 RAID 管理界面。发现亮黄灯的硬盘状态为外部配置信息被破坏（Foreign Uncon Fig Bad，Frn-Bad），经过与客户交流得知，曾经做RAID时少选了一块硬盘，然后就直接装操作系统，发现有一块硬盘亮黄灯，就自行将硬盘重新插拔了。由此可知，由于热插拔了一块硬盘导致RAID卡界面报错。

（2）选中硬盘状态为Frn-Bad的硬盘，然后选择make unconfigured good，回车，此时硬盘状态变为Foreign。

（3）清除已存在的RAID信息（由于新开局项目，无业务）此时硬盘变为未配置（Unconfig Good，UG）状态。重新拔插该硬盘（触发故障硬盘更换的动作）。保存退出RAID卡管理界面。

（4）重启设备，此时黄灯已消失，故障解决，重新做RAID，安装操作系统即可。

后续总结：任何应用系统要有冗余规划、应急措施，前期应对系统进行大致的估算，以免后期因流量过大出现内存溢出或者丢包等现象。对磁盘阵列的配置既要能保证安全也要保证性能等问题。

项目十一

电视电话会议系统典型故障处置案例

≫【项目描述】

本项目主要描述电视电话会议系统故障分类、故障案例分析、防控措施等内容，主要包含话筒调音台、终端双流发送、网络等设备或情景的故障处理，通过案例说明、原因分析等方式熟悉电视电话会议系统故障处理的主要方法和内容。

任务一　话筒调音台典型故障案例

≫【案例简介】

本案例主要介绍话筒调音台音频中断类型的故障。会议期间××公司发言人在进行发言汇报时，声音逐渐变轻，最终彻底中断，30s 后声音恢复正常。

一、案例描述

省公司某月度例会，××公司根据会议流程开始进行发言汇报，发言声音中途开始变轻，最终彻底中断，期间大概中断了 30s 时间，随后声音恢复正常。

二、原因分析

（1）设备接口老化导致故障发生。发言过程中，当声音无上传时，××公司保障人员快速对主终端的话筒及调音台的接口状态进行了检查，拧紧接口后发现仍然无声音上传，立即紧急更换调音台话筒接口，声音随即恢复正常，经检查故障接口由于氧化松动，导致了本次音频故障的发生。

（2）会议保障人员经验不足。发现发言无声音上传时，省公司切换至备终端设备，由于当时××公司正全力排查主终端设备音频问题，保障人员经验不足，响应不及时，未及时开启备终端话筒。

会议保障过程中，保障人员没有全程实时与省公司会议保障组在电话指挥系统中保持联系，发生发言中断现象时，没有与省公司保障组实时沟通，及时响应，导致发言中断时间变长。

三、防控措施

（1）全面摸排设备存在的故障及隐患。在接下来的时间内，对各县公司的电视电话会议系统包括：调音台、音频线路、话筒等音频设备进行全面的排查工作，对不符合要求的、存在设备老化隐患的老旧调音台及音频线路责令整改，确保电视电话会议系统的安全可靠使用。

（2）电视电话会议保障人员能力提升。市公司择日开展保障人员技能培训，全面提升会议保障人员的技术水平和应急响应能力，对电视电话会议保障全过程进行细化学习，强化突发事件的应急处置步骤和能力，在遇到突发情况时，有能力进行应对。

任务二　双流发送典型故障案例

≫【案例简介】

本案例介绍在会议进行期间，××公司误向所有会场发送双流，随后被省公司切断连接的典型故障。

一、案例描述

省公司组织召开"××峰会应急保障总结会"，××公司在分会场参会。会议进行至中途，该公司会议保障人员发现与省公司连接中断，马上联系省公司请求重新接入会议，被告知其会场终端在向所有会场发送双流，已被省公司切断连接。系统连接拓扑图与中断过程如图 11-1 所示。

为保证会议的正常召开，省公司第一时间中断了 A 公司 MCU 与 B 公司 MCU 之间的连接，保障了××峰会现场总指挥部等重要会场会议的正常进行。

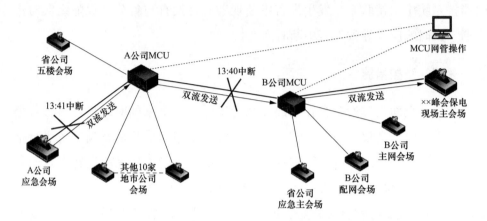

图 11-1　××峰会保供总结会系统连接拓扑图与中断过程示意图

二、原因分析

在省公司断开××公司会场后，保障人员立即检查会场内设备，排查并确定可能引发双流发送的设备，关闭双流发送的电脑后请求入会。

经排查，××公司参会的会场内有一台内网电脑平时作为发送双流使用，在会议中途，有参会人员开启了该电脑，之后就发送了双流误发情况。检查终端后发现，该终端配置为电脑连接时自动发送内容，导致电脑开机后双流自动上送。

三、防控措施

（1）会后立即召集相关人员召开事故分析会，组织对所辖应急会场终端功能进行全面检查，取消自动发送内容功能。

（2）组织所有会议保障人员进行操作培训，提高技能水平，明确会议调试、现场保障等有关要求。

（3）通过调整视频矩阵设置，平时断开演示电脑与会议终端之间的连接通道，在需要演示时再重新连接。及时发送设备误碰或者设备异常状况，也可避免发生误送演示内容的事件发生。视频矩阵设备连接图如图 11-2 所示。

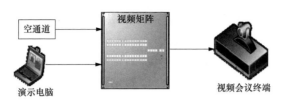

图 11-2　演示时各设备连接示意图

（4）在 MCU 上新建专用会议模板，严格管控双流发送权限，禁止无关单位随意发送双流。

（5）建立语音会议备用通道，在电视电话会议通道出现故障时，可及时通过语音通道收听会议内容。

任务三　电视电话会议网络设备典型故障案例

》【案例简介】

本案例介绍电视电话会议网络丢包的典型故障。会议开始前，主会场要求新增 4 个分会场参加会议，随后主会场观看各分会场画面时，出现不同程度的网络丢包情况，具体表现有黑屏或马赛克，声音正常。

一、案例描述

××公司使用 MCU1 组建会议，会前对 28 个参会会场进行逐个调试，声音图像均正常。会议正式开始前，主会场临时要求新增 4 个分会场参加会议。会议正式开始后各分会场出现黑屏、丢包等现象，尝试切换至备 MCU 建会，而后各会场画面均正常。

会议结束后，××公司在 MCU1 上重新建会测试，发现当会场点数超过 30 个（未超过 MCU 额定容量），各会场画面丢包严重，登录各会场终端的 Web 界面，网络诊断内视频有 3%～5% 的丢包。

二、原因分析

开会时正值××公司新大楼搬迁完毕，会议电视网络割接结束。

MCU1 仍保留在老大楼交换机上接入，而 MCU2 接入新大楼会议电视核心交换机，各分会场也都在两台核心交换机下。MCU1 接入原老大楼交换机的端口为百兆电口，当同时有 32 个终端接入时，就有可能出现不同程度的丢包现象。

××公司会议电视 MCU 搬迁方案中没有考虑到 MCU 的带宽问题，MCU2 已搬迁至新大楼作为主用，MCU1 保留在老大楼作为备用，虽不常用，但仍应体现其功能价值的完整性。

三、防控措施

××公司针对 MCU 接入带宽问题，重新调整网络结构，将 MCU1 搬迁至新大楼，接入核心交换机下的华为 5700 千兆端口。在 MCU1 上建会，经多次测试，未出现丢包现象。

项目十二

电力多媒体通信系统常态化演练

【项目描述】

本项目主要阐述电力交换网、电视电话会议系统和应急通信系统的常态化演练内容。本项目所指的常态化演练指固定周期进行的保障演习。通过流程阐述、演练方案和应急处置方式说明等方式介绍多媒体系统的应急保障和系统演练。

任务一　电力交换网常态化演练

【任务描述】

本任务主要阐述电力交换网中的 IMS 核心网倒换演练方法，主要包括板卡倒换、核心层网元倒换、局点倒换等内容。开展年度 IMS 主备核心节点倒换演练，能够验证 IMS 行政交换网容灾能力和应急处置水平，及时发现系统设备隐患，预防 IMS 单点故障引起的行政交换网大面积瘫痪。

【技术要领】

电力交换网中的 IMS 容灾测试结构如图 12-1 所示。

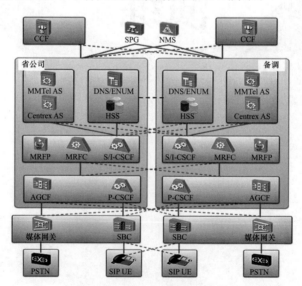

图 12-1　IMS 容灾测试结构图

一、板卡倒换

（1）板卡面板说明。板卡倒换面板说明见表 12-1。

表 12-1 板卡倒换面板说明

倒换内容	板卡面板	板卡说明
CSCF 板卡倒换		14 槽位和 15 槽位的 SWM 板卡互为主备关系
ATS 板卡倒换		04 槽位和 08 槽位的 ATS 板卡互为主备关系
SBC 板卡倒换		05 槽位和 02 槽位的 OMU 板卡互为主备关系

续表

倒换内容	板卡面板	板卡说明
呼叫管理表达 （Call Manager Express，CME） 单板倒换		09 槽位和 06 槽位的 CME 单板互为主备关系
假想参考解码器 （Hypoth etical Referenle Decoder，HRD） 单板倒换		11 槽位和 10 槽位的 HRD 单板互为主备关系

（2）倒换环境设置。板卡倒换环境设置见表 12-2。

表 12-2　　　　　　　　　　　　板卡倒换环境设置

倒换内容	用户归属	用户状态	设备配置
CSCF 板卡倒换	用户 A、B 属于同一 IMS 域	用户 A、B 都已经通过 CSCF 注册且空闲	互为容灾关系的设备主板、备板均已配置
ATS 板卡倒换		用户 A、B 都已经通过 ATS 注册且空闲	
SBC 板卡倒换		用户 A、B 都已经通过 SBC 代理注册且空闲	
CME 板卡倒换	用户 A 为 PSTN 用户，用户 B 为 IMS 域用户		
HRD 板卡倒换			

（3）倒换步骤。板卡倒换操作步骤见表 12-3。

表 12-3   板卡倒换操作步骤

倒换内容	倒换步骤	效果验证
CSCF 板卡倒换	① 查看当前主备用板卡的状态并且确认 2 块板卡均工作正常； ② 执行倒换命令； ③ 确认板卡倒换结果	用户 A、B 在倒换完成后正常通话
ATS 板卡倒换		
SBC 板卡倒换		
CME 板卡倒换	① 检查 CME 主备板的操作状态，检查 CME 备板上的服务通信管理单元（Service Communication Management Unit，SCMU）扣板是否为主用； ② 倒换 SCMU 扣板并检查 CME 备板上的 SCMU 扣板是否为备用； ③ 倒换 CME 板卡； ④ 确认板卡倒换结果	
HRD 板卡倒换	① 检查 HRD 备板状态； ② 倒换 HRD 板卡并确认主备板的单板状态； ③ 确认板卡倒换结果	

二、核心层网元倒换

（1）倒换示意图。核心层网元倒换的示意图如图 12-2 所示。

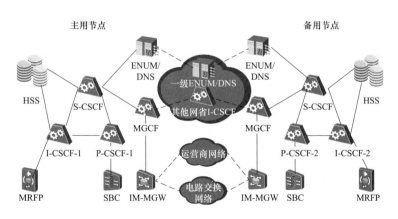

图 12-2 核心层网元倒换示意图

（2）倒换环境设置。网元倒换环境设置见表 12-4。

表 12-4　　　　　　　　　　　　网元倒换环境设置

倒换内容	用户归属	用户状态	设备配置	其他要求
P-CSCF 接入侧倒换	用户 A、B、C、D 属于同一 IMS 域用户	用户 A、B、C、D 都处于空闲状态。用户 A、B 注册至 ATS1，用户 C、D 注册至 ATS2	互为容灾关系的设备运转正常	用户 A 和用户 B 都已经通过 CSCF1 注册，用户 C 和用户 D 都已经通过 CSCF2 注册
P-CSCF 核心侧倒换				
I-CSCF 倒换				
S-CSCF 倒换				
ATS 倒换				无
HSS 倒换	用户 A 和用户 B 属于同一 IMS 域用户	用户 A 和用户 B 都处于空闲状态		① USCDB1 和 USCDB2 为主备关系且状态正常；② 用户 A 和用户 B 都使用 SIP 终端并已注册到 HSS1
ENS 倒换				USCDB01 和 USCDB2 为主备关系且状态正常
CCF 倒换				① 用户 A 所属的 ATS 发送计费消息；② 在 SPG 上配置用户 A 的计费策略，CCF1、CCF2 为主、备用计费地址
AGCF 倒换	用户 A 属于 IMS 域，用户 B 为 PSTN 用户	用户 A 和用户 B 都处于空闲状态		① 主备 AGCF 心跳链路配置和 1+1 主备双归属数据配置正常；② AGCF1 和 PRA 的中继连接正常；③ 主备用 AGCF 上设置 LOCAL，server1 切换模式为自动，互助类型分别是激活状态、非激活状态，自接管模式设为"允许激活、允许去激活"
媒体网关（Media Gate Way，MGW）倒换				① MGW 1 和 MGW 2 的 1+1 负荷分担数据配置正常；② MGW 1、MGW 2 和 PRA 的中继连接正常

（3）倒换步骤。网元倒换操作步骤见表 12-5。

表 12-5 网元倒换操作步骤

倒换内容	倒换步骤	效果验证
P-CSCF 核心侧倒换	① 将 CSCF1 置故障，拔掉核心侧的网线； ② 在 SBC 上手动停用 CSCF1 中继并进行注册，用户 A、B 对话； ③ 插回核心侧网线； ④ 在 SBC 上手动恢复中继并进行注册，用户 A、B 对话； ⑤ 对 CSCF2 重复上述操作，验证用户 C、D 对话	同属 IMS 域用户 A、B 或 C、D 在倒换后正常通话，设备恢复后 A、B 或 C、D 正常通话
P-CSCF 接入侧倒换 I-CSCF 倒换 S-CSCF 倒换	① 将 CSCF1 置故障，拔掉接入侧的网线； ② 用户 A、B 重注册并对话； ③ 恢复 CSCF1，插回网线，使用 SBC 倒回路由； ④ 用户 A、B 重注册并对话； ⑤ 对 CSCF2 重复上述操作，验证用户 C、D 对话	
ATS 倒换	① 将 ATS1 置故障，拔掉网线并验证 A、B 对话； ② 恢复 ATS1，插回网线后验证 A、B 对话； ③ 对 ATS2 重复上述步骤，验证 C、D 对话	
HSS 倒换	① 将 HSS1 置故障，拔掉 HSS1 和 USCDB1 网线，验证 A、B 对话； ② 恢复 HSS1，插回 HSS1 和 USCDB1 的网线，验证 A、B 对话	同属 IMS 域用户 A、B 在倒换结束后正常通话，设备恢复后 A、B 正常通话
ENS 倒换	① 将 ENS1 置故障，拔掉 ENS1 和 USCDB1 的网线，验证 A、B 对话； ② 恢复 ENS1，插回 ENS1 和 USCDB1 网线，验证 A、B 对话； ③ 对 ENS2 重复上述步骤	
CCF 倒换	① 将 CCF1 置故障，拔掉网线，验证 A、B 对话； ② 恢复 CCF1，插回 CCF1 的网线，验证 A、B 对话	
AGCF 倒换	① 拔掉主用 AGCF1 的信令接口网线； ② 用户 A 呼叫用户 B； ③ 用户 B 通过 PRA 或者七号中继，呼叫用户 A	IMS 域用户 A 呼叫 PSTN 用户 B 成功
MGW 倒换	① 拔掉 MGW 1 或 MGW 2 的信令接口网线； ② 用户 A 呼叫用户 B； ③ 用户 B 通过 PRA 或者七号中继，呼叫用户 A； ④ 插回网线并重复上述步骤	

三、局点倒换

1. 倒换说明

局点倒换在测试时将 SBC 接入侧网线拔出用以模拟 IMS 主用和备用通道中断的情形。局点倒换示意图如图 12-3 所示。

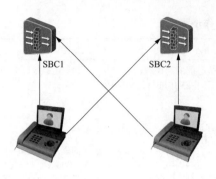

图 12-3　局点倒换示意图

2. 倒换环境设置

用户 A、B 的话机注册到主、备用站点 SBC，话机侧采用先后注册模式。

3. 话机容灾倒换步骤

（1）将 SBC1 置故障，拔掉接入侧的网线，用户注册后验证 A、B 间呼叫。

（2）恢复 SBC1，插回网线，用户注册后验证 A、B 间呼叫。

（3）将 SBC2 置故障，重复上述步骤。

任务二　电视电话会议常态化演练

【任务描述】

本任务主要介绍电视电话会议系统故障应急演练内容，以某地市公司演练脚本为例，模拟出现音频故障时，会议保障人员的正确处置流程。

【技术要领】

电视电话会议常态化演练是针对会议过程中可能出现的设备故障、网络故障、操作故障等不同情景预设处置操作，建议一季度一次。本任务以某地市公司音频故障为例，模拟当会议中途出现问题时正确的处理流程。故障应急演练脚本见表 12-6。

表 12-6　　　　　　　　　　故障应急演练脚本

序号	演习进程	现场对白
		电视电话会议故障应急演练科目一
		音频故障情况介绍
		演习主题：音频故障 演习内容：某次会议中音频出现回音 预设故障：将主会场发言话筒打开，分会场进行发言

122

序号	演习进程	现场对白
		一、电视电话会议类演习科目整体情况介绍
1	旁白	5月×号，省公司月度例会。××公司作为发言单位代表地市公司向省公司汇报工作，会前调试，主备音频都正常
2	会前调试	【省公司会议保障】现在开始对发言单位进行点名，××公司。 【××公司会议保障】××公司到。 【省公司会议保障】请报告收听收看情况。 【××公司会议保障】图像清晰、声音正常。现在是××公司主终端主话筒进行声音测试。 【省公司会议保障】主终端主话筒声音正常，请用主终端备话筒测试。 【××公司会议保障】省公司，现在是××公司主终端备话筒进行声音测试。 【省公司会议保障】主终端备话筒声音正常，请用主终端发送双流。 【××公司会议保障】主终端双流已经发送。 【省公司会议保障】PPT画面正常，下面切换到备终端测试。 【××公司会议保障】省公司，这里是××公司备终端主话筒进行声音测试。 【省公司会议保障】备终端主话筒声音正常，请用备终端备话筒测试。 【××公司会议保障】省公司，这里是××公司备终端备话筒进行声音测试。 【省公司会议保障】备终端备话筒声音正常，请用备终端发送双流。 【××公司会议保障】备终端双流已经发送。 【省公司会议保障】PPT画面正常，请切回主终端状态并保持
		二、故障发现及汇报
3	旁白	××公司作为发言单位代表地市公司向省公司汇报工作，在发言过程中突然出现回音，县公司也在微信工作群中反映××公司发言有断断续续回音，迅速向省公司会议保障组进行汇报并排查本地音频问题
4	处置流程	通过指挥系统向省公司电视电话会议保障组汇报情况： 【××公司会议保障】您好，我是××公司会议保障人员×××。 【省公司会议保障】您好，我是省公司会议保障人员×××。 【××公司会议保障】××公司现在领导发言有断断续续的回音，县公司也反映会有回音。 【A公司会议保障】省公司，我是A公司。我们听到××公司发言有回声。 【B公司会议保障】省公司，我是B公司。我们也听到××公司发言有回声。 【省公司会议保障】××公司请立即排查本地音频。 【××公司会议保障】收到，我们立即进行排查
		三、故障排查及处理
5	旁白	问题分析：一般产生回音原因有： ① 主、备终端之间声音串扰（开会时，调音台输出层主、备终端两路一般都会打开），这时可以把备终端这一路关闭，避免了主、备终端之间的串扰。 ② 话筒离音箱过近，声音返送，这时应该拉低调音台输出层会场音箱这一路。 ③ 多个系统之间声音串扰，比方说会议电话系统（八爪鱼）和视频终端之间的串扰，这时我们要尽量避免两个系统的设备同时使用，当用会议电话系统讲话时，视频终端应静音

续表

序号	演习进程	现场对白
6	处置流程	排查本地音频故障导致回音： 【××公司会议保障人员 A】B，我已经通过网管确认终端话筒输入正常，MCU 中其他县公司都已静音，先检查备用终端是否静音。 【××公司会议保障人员 B】已经确认，备用终端已经静音。 【××公司会议保障人员 A】拉低本地麦克风，排除是本地麦克风输出过大，话筒离音箱过近，声音返送导致回音。 【××公司会议保障人员 B】收到，调音台话筒输出已经拉低，监听中领导发言仍有回音。 【××公司会议保障人员 A】检查音频备份系统（八爪鱼）是否未静音导致出现回音。 【××公司会议保障人员 B】收到，经检查音频备份系统已静音排除本地原因，向省公司汇报。 通过指挥系统向省公司电视电话会议保障组汇报情况： 【××公司会议保障】您好，我是××公司会议保障人员×××。 【省公司会议保障】您好，我是省公司会议保障人员×××。 【××公司会议保障】××已经排除本地原因，在调试过程中长时间发言测试都正常，请省公司帮忙排查是否其他地市公司终端未静音导致有回音。 【省公司会议保障】收到，省公司立刻进行排查
		四、恢复正常
7	省公司反馈	【省公司会议保障】您好，我是省公司会议保障人员×××。 【××公司会议保障】您好，我是××公司会议保障人员×××。 【省公司会议保障】已经发现问题，是由于上一家发言单位 C 公司，话筒、终端未静音导致回音，现将电话紧急联系 C 公司保障人员，目前对方已经将话筒、终端静音，××现在领导发言是否正常。 【××公司会议保障】现在已经正常，没有回音。 【省公司会议保障】请继续加强视频、音频设备状态巡视保障电视电话会议正常进行。 【××公司会议保障】收到
8	向公司汇报	将该故障内容和处理结果向有关部门和领导汇报，做好解释工作

任务三　应急通信常态化演练

≫【任务描述】

本任务主要阐述了应急通信常态化演练的内容，通过文字描述、表格陈列、流程图等形式，使读者掌握灾害应急演练的目的、演练要求、隐患排查对象、台风情景模拟方案以及灾害应急响应流程。

》【技术要领】

一、常态化演练要求和流程

国家电网公司每年至少组织一次信息通信专业应对雨雪冰冻灾害与台风灾害的专项演练，以检验预案的可操作性、增强各级人员应急处置的实战能力。演练方式可以为桌面推演、实操演练或是两种方式结合。

应急通信常态化演练可以提升国家电网公司安全生产、应急处置的指挥协调、专业协作和故障处理水平，使各级人员进一步熟悉应急处置流程、发掘现有运维模式存在的问题，为迎峰度夏期间电网安全稳定运行提供有力的技术支撑，为完成全年信息通信安全生产任务奠定坚实基础。

演练要求如下：

（1）演练针对通信网预设典型故障，并对重要业务及汇报流程进行现场模拟。

（2）演练方案由信通分公司按照调度管辖范围和运行维护责任具体制定。

（3）演练范围包括国家电网公司专业之间、省市之间与 220kV 变电站之间的全部信息通信设备及其附属设施。

（4）参演单位统一成立演习领导组、导演组和工作组，演习过程由演习导演组统一指挥，严格按演习方案进行。

（5）演练过程中不得影响在线运行设备及信息通信业务的正常运行。各当值信息通信调控员及运维单位要密切监视辖区内信息通信系统的运行情况，发现异常立刻汇报。

（6）演练结束后，各参演单位将演习情况认真总结，对于演习过程中发现的问题，应提出解决办法和整改措施。

灾害应急响应流程图如图 12-4 所示。

二、典型场景应急演练

（1）台风灾害隐患排查及处理。每年 5 月前，某公司组织开展信息通

信系统隐患排查与治理，结合本地区系统运行情况与隐患排查与治理工作
要求，落实相关工作措施。

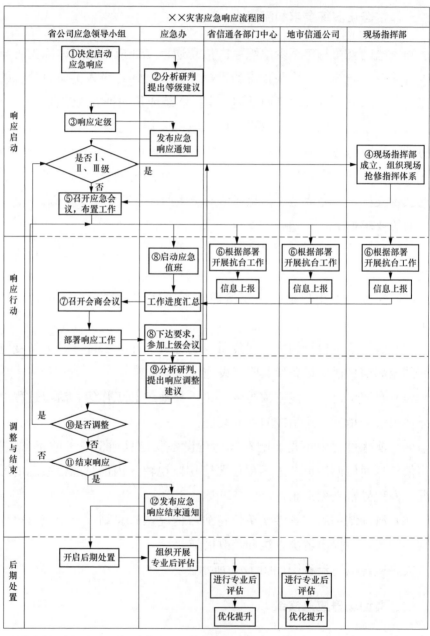

图 12-4　灾害应急响应流程图

隐患排查重点检查对象：信息通信系统及其专用电源、通信光（电）缆运行情况；信息通信机房、数据中心的防风、防雨、防渗水等措施；重要业务通道运行方式；微波、无线通信等户外设施。

（2）雨雪冰冻灾害隐患排查及处理。每年 12 月前，某公司组织开展防雨雪冰冻灾害信通专项隐患排查与治理，结合本地区系统运行情况，根据隐患排查与治理工作要求，与本地区运维部门密切协作，落实相关工作措施。

专项隐患排查重点检查对象：高寒重冰区光缆及杆塔、线路走廊；重要光路的应急迂回通道、电信运营商的跨区应急通道；信息通信机房电源系统、机房防雨、防渗漏情况；重要业务通道运行方式；微波、无线通信等户外设施以及应急通信车辆、应急指挥系统等。

（3）台风应急演练情景模拟方案

台风过境导致运营商公网瘫痪，应急演练方案见表 12-7。

表 12-7 应 急 演 练 方 案

情景内容	处置动作
应急指挥中心正组织执行通信应急方案	通信应急基干队和本部应急基干队员梳理装备，集结待命
通信应急基干队伍协同本部应急基干队前往受灾地点，部署前线指挥部	通信应急基干队和本部应急基干队携带专业设备（无人机、卫星车、卫星便携站、卫星电话、大功率对讲基站、北斗短报文终端等）有序出发
通信应急基干队和本部应急基干队到达受灾点	通信应急基干队卫星车和本部应急基干队特种车辆有序到达，开始搭建前线指挥部
本部应急基干队负责前线指挥部现场基础设施搭建	本部应急基干队搭建前线指挥部电源、帐篷、大屏、桌椅、空调等现场基础设施
通信应急基干队协同本部应急基干队完成大屏联调，并优先与应急指挥中心取得联系	通信应急基干队负责电力应急专网的搭建，使用卫星电话与本部应急指挥中心汇报，汇报后开始展开卫星车，调试前线指挥部和应急指挥中心的实时画面
通信应急基干队保障前线指挥部范围的公网信号	通信应急基干队负责临时公网的搭建，部署 4G 卫星便携站，完成电信和移动两台卫星便携站的寻星和 WiFi 信号部署，并完成移动 4G 信号基站搭建。电信三合一卫星电话可作为电信基站的固定终端。移动基站不配置固定终端，就以现场人员的手机接入

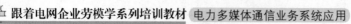

续表

情景内容	处置动作
本部应急基干队完成基础设施的搭建，通信应急基干队完成卫星通道的搭建，双方进行联调	前线指挥部完成初步搭建，开始分发应急终端设备。通信应急基干队组装图传单兵、长期演进（Long Term Evolution，LTE）单兵设备，并向本部应急基干队员分发大功率对讲机和北斗终端
本部应急基干队和通信应急基干队配合利用氢气球升高大功率同频自组网便携基站	本部应急基干队准备大型氢气球，通信应急基干队准备大功率同频自组网便携基站，做好绑定并升空
无人机画面回传	本部应急基干队提供无人机，通信基干队调通无人机画面至前线指挥部和应急指挥中心
领导总结	本部应急基干队和通信应急基干队整装待命

项目十三

电力多媒体通信业务应用探索

【项目描述】

本项目主要描述了多媒体通信业务系统在电力行业调度生产、行政办公、视频会商和应急抢修等各方面的深度运用，主要包括行政交换、调度交换、电视电话会议和应急通信系统的高阶应用，通过需求分析、案例介绍和应用效果展望等，介绍多媒体通信业务系统的行业应用。

任务一 "一点通"云电话应用

【任务描述】

本任务主要阐述了 IMS 多媒体业务在电力行业调度、行政交换办公方面的应用，包括桌面软件终端应用和手机软件终端应用，通过在办公电脑和手机软部署软终端，扩展终端应用范围。

【技术要领】

一、功能介绍

IMS "一点通"业务系统将桌面客户端及移动 App 与行政座机绑定，不仅在客户端和手机上可实现话机的所有功能，同时也扩展了其他新业务，主要功能包括企业通讯录、一键拨号、自助会议、通话记录及录音查询、补充业务设置、来电显示及状态呈现、未接来电短信提醒和短信发送等，涵盖了常用行政办公通信需求，相比传统程控交换网电话终端仅能提供手动拨号功能，"一点通"通过利用软件客户端丰富了电话终端功能，提升了公司行政交换网专网利用率和办公效率。

二、关键技术

"一点通"云电话应用的总体架构如图 13-1 所示。

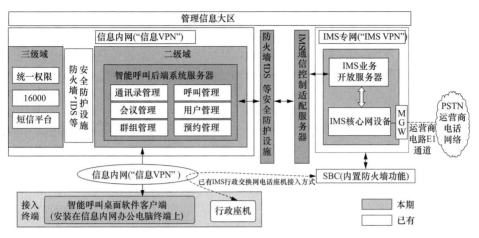

图 13-1　"一点通"云电话应用总体架构图

1. 登录认证数据

桌面软件客户端把用户登录认证信息发送给智能呼叫后端系统服务器，再由智能呼叫后端系统服务器发送给统一权限管理平台，统一权限管理平台对登录信息验证后，再把认证结果按原路返回给智能呼叫后端系统服务器、桌面软件客户端，完成用户认证。

（1）短信数据。桌面软件客户端把短信内容发送给智能呼叫后端系统服务器，再由智能呼叫后端系统服务器发送给公司短信平台，并将短信发送执行结果按原路返回给后端系统服务器、桌面软件客户端。最后由短信平台启动短信发送，完成短信的统一发送。

（2）I6000 上报数据。I6000 发送状态查询指令到智能呼叫后端系统服务器，智能呼叫后端系统服务器根据查询指令类型将系统状态数据上报给I6000，完成系统的统一运行监控。

2. 桌面呼叫控制数据

桌面软件客户端向智能呼叫后端系统服务器发送呼叫控制指令，后端系统服务器完成呼叫处理后转发给 IMS 通信控制适配服务器在边界防火墙的映射端口，再由 IMS 通信控制适配服务器将指令格式化校验后代理转发给 IMS 行政交换网，并将指令执行结果按原路返回给后端系统服务器、桌面软件客户端，最后由 IMS 行政交换网完成对行政座机的呼叫控制。

呼叫控制流程示意图如图 13-2 所示，前端智能呼叫桌面软件客户端通过信息内网向后端智能呼叫服务器发起携带主叫行政座机号码、被叫行政座机号码等信息的智能呼叫业务请求。

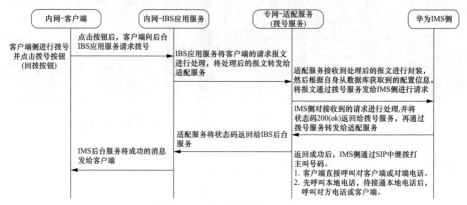

图 13-2　呼叫控制流程示意图

三、实现方案

1. 登录鉴权

（1）电脑客户端向后台客户端服务发起登录请求。

（2）后台客户端服务接收到登录请求，调用统一权限接口进行用户鉴权。

（3）通过鉴权，客户端服务允许客户端的调用，登入平台界面（拨号、通讯录等界面）。

2. 拨号请求

（1）客户端打开拨号界面，对号码进行拨号，客户端将请求发送至客户端服务。

（2）客户端服务将接收到的请求送给专网的适配服务。

（3）适配服务器调用点击拨号服务进行请求，点击拨号服务调用 SIP 进行拨号请求。

（4）SIP 中继调用 AGCF 进行拨号回拨。

（5）本地话机响起，接通电话，开始呼叫对方话机。

3. 通讯录

（1）通过后台的同步任务，对 ISC 的通讯录接口进行同步并保存至数据库中。

（2）客户端像后台请求打开集团通讯录。后台收到请求并将请求转发给通讯录管理工具（Efficient Address Book，EAB）。

（3）EAB 从数据库获取数据，用于客户端展示，并将缓存存于弹性搜索（Elastic Search，ES）中。

（4）点击查询，调用 ES 进行检索查询。

4．通话记录

（1）采集通话过程中核心交换机上的信令流量。

（2）将采集的信令流发给 Kafka 中间件进行数据流的分析，并将分析出来的信息通过信令入库的服务保存至数据库中。

（3）通话记录服务对数据库进行读取，并将通话记录展示在前端客户端的通话记录中。

5．录音

（1）当通话时，客户端发起录音请求，录音采集服务将从核心路由获取到的媒体流转发至 Kafka 中间件进行分析并保存在本地。

（2）当客户端需要下载时，点击下载，请求将发至专网的汤姆猫（tomcat），进行录音文件的下载。

6．未接来电

（1）采集通话过程中核心交换机上的信令流量。

（2）将采集的信令流发给 Kafka 中间件进行数据流的分析，并将分析出来的信息通过信令入库的服务保存至数据库中，并通过未接来电服务将消息推送至客户端服务。

（3）通话记录服务对数据库进行读取，并将通话记录展示在前端客户端中。

（4）客户端服务调用短信接口，将未接来电通过短信的形式推送至手机端。

7．移动外网

（1）手机 App 上的请求通过安全交互平台将请求发至 Nginx 和网关。

（2）通过内外网的隔离装置写进系统数据库。

（3）内网网关从数据库获取请求，转发给客户端服务。

（4）客户端根据请求进行拨号等服务的调用处理，并将应答写入数据库。

"一点通"业务系统的总体业务逻辑如图 13-3 所示。

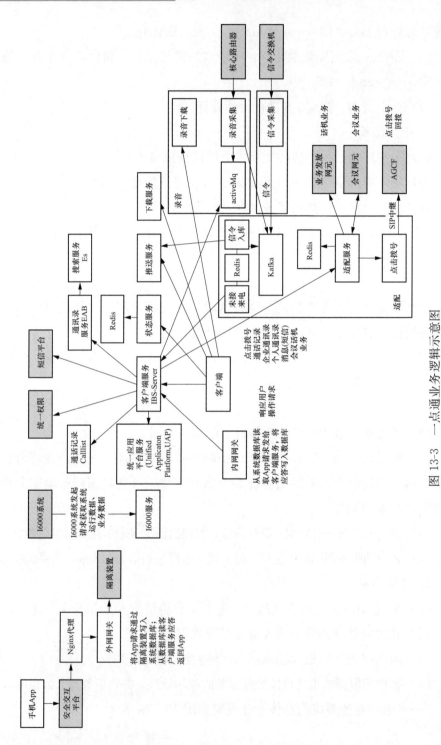

图 13-3　一点通业务逻辑示意图

有关一点通系统功能演示视频扫下方二维码查看。

任务二　调度人机工作站应用

【任务描述】

本任务主要阐述调度语音交换网与调度自动化系统的融合应用，为调度自动化业务构建调度通信平台，实现传统调度电话在调度数据通信网的 IP 化延伸。

【技术要领】

一、功能介绍

人机工作站调度电话融合了调度自动化和调度通信两大专业领域技术。人机工作站调度电话技术以提高调度值班员工作效率为目标，实现在人机工作站上直接完成调度电话的接听和拨打操作，使人机工作站具备语音通话、电话会议、通讯录、录音等功能，更好地服务调度值班人员。调度电话以 IP 通信方式将传统电路式调度通话功能融合到人机工作站，为调度值班员提供人机工作站调度电话方式处理日常调控业务。

二、关键技术

为实现在调度主站人机工作站上拨打电话的功能，需在调控系统中集成调度 App 电话功能，主要涉及调度程控交换系统网络接入和调度电话功能集成两个部分，按调控系统安全 I 区集成接入考虑，形成系统总体逻辑框架，如图 13-4 所示。

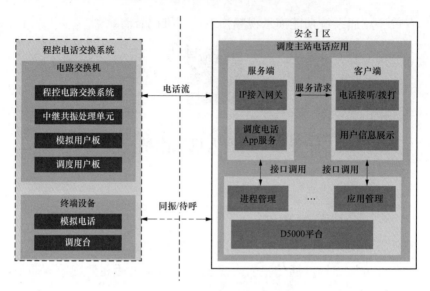

图 13-4 系统总体逻辑框架图

通信机房程控交互系统和自动化机房的语音中继网关通过光端机连接，通信机房光端机将 2M 转成光纤，自动化机房光端机将光纤转成 2M 接入语音中继网关。

语音中继网关在接入Ⅰ区 D5000 系统前需要安装防火墙加强安全防护，所以在语音中继网关和自动化机房Ⅰ区交换机之间新增两台交互机和两台防火墙保证安全。

Ⅰ区 D5000 系统中新增两台调度电话服务器，部署 D5000 平台、调度电话后台服务、IP 接入网关等程序。同时新增两台人机工作站服务器部署调度电话客户端和融合调度电话的 D5000 人机客户端。

通信机房程控系统通过调度台延伸器将音频信号接入自动化机房的调度台主机。为保证程控系统录音和调度电话系统录音的统一性，在自动化机房新增录音主机服务器接入新增的交换机，负责程控系统录音和调度电话系统录音的同步。

三、实现方案

调度电话 App 系统与调度交换系统物理连接图如图 13-5 所示。在人机工作站上部署定制开发的调度电话 App 并配置外接耳麦，该 App 程序通过 D5000 服务平台分别使用 SIP 协议和私有协议向调度电话 App 后台系统的 IP 接入网关模块和调度电话后台服务模块进行电话注册、连接。

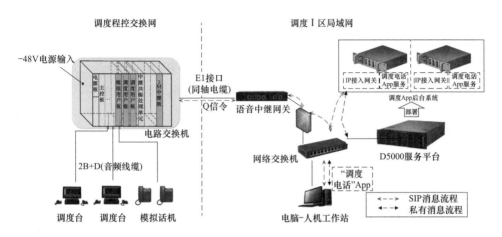

图 13-5　通过语音中继网关组网方式

调度电话 App 拨打调度程控交换网中用户时，先向调度电话后台服务获取被叫用户号码信息，查询到被叫号码后发起呼叫，IP 接入网关将呼叫信令送至语音网关，再由语音网关将 SIP 信令转为电路信令后通过 E1 中继电路安全通道路由到调度程控交换系统，并由程控交换系统将主叫号码变化为调度台组号码后呼出，完成调度电话的拨打。

调度电话 App 接听调度电话时，程控交换系统将来电送至调度台（此时调度台振铃），同时由中继同振处理单元完成组来话分析，经过程控交换机背板的最短路径树（Shortest Path Tree，SPT）对 CPU 发送定制消息，触发呼叫路由至 2M 中继板，通过 E1 传输（Q 信令）至语音网关，由语音网关将 Q 信令转为 SIP 信令后，送到 IP 接入网关，再由 IP 接入网关完成调度电话 App 呼叫（此时调度电话 App 同时振铃）。同振的 App 或调度台任意一方接听后，调度组其他成员停止振铃。

任务三　电视电话会议监控云平台应用

》【任务描述】

本任务主要介绍了电视电话会议多媒体业务应用中的电视电话会议系统监控云平台，主要包含集中操控、集中监视、集中部署三大功能。通过文字描述、图片展示等熟悉电视电话会议多媒体业务应用探索。

》【技术要领】

一、功能介绍

随着电视电话会议系统承担的作用越来越大，相关设备数量越来越多，系统设备功能越来越复杂，大型分布式系统的监控复杂性也日益显现，如各区域设备相对独立，多区域之间信号很难实现音视频信号的互通需求；设备各自为政，难以统一管理，运维压力大；故障定位不及时，工作处于被动状态，效率低；设备数据与业务脱节，难以为决策者提供有价值的信息等。

针对以上问题，电视电话会议系统监控云平台的建设，可以实现对包含会议终端、交换机、摄像机、矩阵、调音台、音频处理器等一系列会议相关系统及设备的有效监控与管理，并且能够提供设备的集中管理、精准告警、实时数据分析、历史数据分析、一键巡检等功能，同时有效地提高了运维人员对系统潜在故障判断的准确性，大大缩短故障发生时定位问题的时间。

二、关键技术

1. 音视频编解码技术

在众多的视频解码技术中，H.264属于高性能解码技术，这种视频解码技术的优势在于其数据压缩比率较高，并且能够确保图像具有较高的质量与流畅度。MCU 架构中主要采用的是 H. 264 高级视频编码（Advanced Video Coding，AVC）算法，云平台架构中主要采用的是 H. 264 可伸缩视频编码技术（Scalable Video Coding，SVC）算法。

2. 声像同步技术

网络质量会影响视频和音频到达的时间差，而单纯依靠人工去调整音频的延时不切实际且效果较差。因此，需要使用针对网络传输的声像同步技术对现有的视频会议系统进行改进，以提升用户体验。针对一些升级改造项目。（如 2K 向 4K 升级）出现的声像不同步的问题，则需要通过特定的调试方法来解决。

三、实现方案

电视电话会议系统监控云平台主要通过光纤传输技术实现电视电话会议系统核心设备在信通机房集中部署，并在监控大厅内设置操作台和监视大屏。

1. 集中操控

电视电话会议系统监控云平台，将音视频及环境控制等所有电控设备集中控制，可大大提高系统的可操作性，实现设备的集中管理控制。该平台可以实现在监控大厅对大楼内部多个电视电话会议室里的会议各类设备的集中操控，主要包括 MCU 会议控制（和电视墙服务器的联动）、各类视频矩阵、音频矩阵的切换以及摄像机、调音台、终端等设备的控制。集中操控功能的界面示意图如图 13-6 所示。

2. 集中监视

电视电话会议系统监控云平台可实时查看每个设备的运行数据、告警数据、在线数据等设备状态，并进行结构化展示；通过简单颜色区分即可快速判断当前状况，使运维人员快速做出反应；支持对设备运维记录管理。一键巡检功能可以快速对任意范围设备进行检查并形成报告，大大降低人为操作失误及大大缩短检查时间。集中监视界面示意图如图 13-7 所示。

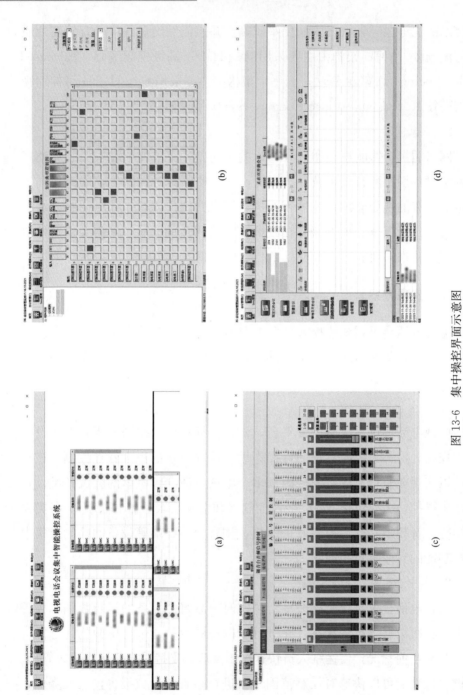

图 13-6 集中操控界面示意图

(a) SMC 管理界面；(b) 矩阵管理界面；(c) 数字调音台控制界面；(d) 会议管理界面

图 13-7　集中监视界面示意图

3. 集中部署

电视电话会议系统核心设备在机房内实行集中部署，其优点是给电视电话会议核心设备提供了良好的机房环境并纳入机房统一管理，提高了设备运行的可靠性。某公司机房集中部署情况如图 13-8 所示。

图 13-8　机房集中部署示意图

任务四　应急融合通信指挥平台应用

≫ 【任务描述】

本任务主要阐述应急融合通信指挥平台在应急通信多媒体业务上的应用，通过对系统各接口的详细解释与各功能的细节介绍，使读者掌握融合通信指挥平台的标准化接口与核心功能。

≫ 【技术要领】

一、功能介绍

应急融合通信指挥平台深入推行以实战化指挥为引领、一体化融合通信调度机制为核心、专业化合成办案机制为关键的指挥调度机制建设，致力于解决应急通信中设备之间没有连接、设备与生产业务流之间互动性弱、复杂的现场信息及时性差、可用资料整合难度大、指挥协同跨层级调度弱、指挥调度可视化能力低等痛点问题。

通过无线移动网络，应急指挥部和应急队伍可以直接与省公司本部应急指挥中心建立语音、视频联系，同时保持三方会商系统 24 小时连线畅通无阻，保障各类信息通过音视频迅速反馈至指挥中心，使队伍调动、物资支援更加快速高效迅捷，为科学合理开展应急和救灾工作提供了及时有效的决策依据。

二、关键技术

（1）采用 4K＋H.265 编码，节省 50% 带宽。融合音视频调度子系统双活容灾，高可靠地实现多种音视频终端融合灵活调度，实现现场通信 5～15min 快速部署可用，应用开放接口可以简化上层开发。

（2）通过 PSTN 网关实现与 PSTN 网络的互联互通，网关与摩托罗拉

142

数据通信（Motorola Data Communications，MDC）之间信令面使用 SIP 协议，用户面使用实时传输协议（Real-time Transport Protocol，RTP），分别由网关转换成互联异系统的信令和语音信号来进行卫星电话等设备的语音通话调度。

（3）通过 eGW651 专业数字集群（Professional Digital Trunking，PDT）网关，与 PDT 系统的核心网采用 PDT 会话初始化协议（PDT Session Initiation Protocol，pSIP）进对接。pSIP 为 PDT 系统间互相通信所使用的协议，基本语法规则基于标准 SIP 2.0 版本，并在此基础上进行了改进和扩充，实现了 PDT 对讲设备的语音呼叫和群组呼叫能力。

（4）通过网络与应急终端设备互联，融合网关可将视频监控图像转换为标准的 ITU H.323/ITEF SIP 信号。随即监控融合网关采用 SIP 协议与融合中台互联，这样即可将所需的视频信号在应急指挥调度或视频会商中实时显示，实现终端的无缝连接。

视频监控网关通过 GB/T 28181—2016《公共安全视频监控联网系统信息、传输、交换、控制技术要求》接入视频监控平台下的摄像头，支持视频监控平台上传摄像头的 GPS 信息，将其汇聚在融合通信平台并向上层应用传递以呈现在上层地图之中。

三、实现方案

1. 数据中心机房

（1）在国家电网公司总部数据中心机房部署一套云视频资源共享平台，云视频资源共享平台提供多点视频会议服务、呼叫控制、会议录制、视频终端管理、用户管理、互动白板、直播和防火墙穿越等功能。

（2）部署一套会议管控平台，会议管控平台提供分级分层的会议管理与控制功能，支持全网会议的统一预约、审批及管理功能，可以动态展现大型视频会议系统 MCU 级联结构，支持主会场轮询、多分屏轮询、自定义轮询终端、终端点名、跨 MCU 统一终端控制等复杂的会议控制功能。

2. 总部指挥中心

在总部指挥中心部署一台视频会议终端，终端连接会议室音视频输入输出设备，提供高清的视频体验、20kHz 的高保真立体声音质和精简的用户界面，让使用者无需经过任何培训，即可进行音视频沟通。此外，针对互联网环境对代码设计进行优化，使得在出现网络丢包等异常情况时，也能保证高清的音视频体验。

3. 员工桌面、移动人员

员工桌面和外出人员可通过个人电脑、平板、手机、应急终端等安装软件客户端实现视频、语音、会议的业务需求。

应急融合通信指挥平台的层次架构如图 13-9 所示。

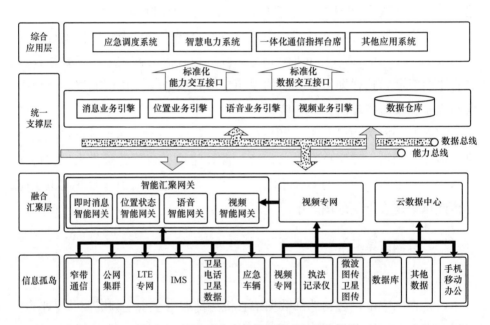

图 13-9　应急融合通信指挥平台的层次架构

参 考 文 献

[1] 彭英，王珺，卜益民．现代通信技术概论［M］．北京：人民邮电出版社，2010.

[2] 张洪英，薛京，孙静，等．视频会议系统的未来发展趋势与展望［J］．电视技术，2020，44（09）：36-39.

[3] 刘东，盛万兴，王云，等．电网信息物理系统的关键技术及其进展［J］．中国电机工程学报，2015，35（14）：3522-3531.

[4] 杨建．电力应急综合通信系统功能与应用分析［J］．中国新通信，2016，18（22）：117.

[5] 刘林，祁兵，李彬，等．面向电力物联网新业务的电力通信网需求及发展趋势［J］．电网技术，2020，44（08）：3114-3130.

[6] 田文锋，毕庆刚，李炳林，等．国家电网公司行政交换网迁移演进方案研究［J］．电力信息与通信技术，2015，13（05）：1-5.

[7] 梁雪梅，方晓农，杨硕，等．IMS技术行业专网应用［M］．北京：人民邮电出版社：信息与通信网络技术丛书，2016.

[8] 本书编委会．国家电网公司会议电视技术应用研究及实践［M］．北京：中国电力出版社，2017.

[9] 董志媛．高清电视会议会场升级改造的设计与思考［J］．无线互联科技，2021，18（17）：73-74.

[10] 本书编委会．国网浙江电力公司应急卫星通信系统改造项目技术手册［M］．北京：中国电力出版社，2017.